疯多肉！

跟着多肉玩家学组盆

刘仓印　吴孟宇■著

探索斑斓的多肉世界
从此刻启程
……

海峡出版发行集团 THE STRAITS PUBLISHING & DISTRIBUTING GROUP | 福建科学技术出版社 FUJIAN SCIENCE & TECHNOLOGY PUBLISHING HOUSE

图书在版编目（CIP）数据

疯多肉！跟着多肉玩家学组盆 / 刘仓印，吴孟宇著. —福州：福建科学技术出版社，2016. 8
ISBN 978-7-5335-4998-5

Ⅰ. ①疯… Ⅱ. ①刘… ②吴… Ⅲ. ①多浆植物－盆栽－观赏园艺 Ⅳ. ①S682.33

中国版本图书馆CIP数据核字(2016)第077948号

书　　名　疯多肉！跟着多肉玩家学组盆
著　　者　刘仓印　吴孟宇
出版发行　海峡出版发行集团
　　　　　福建科学技术出版社
社　　址　福州市东水路76号（邮编350001）
网　　址　www.fjstp.com
经　　销　福建新华发行（集团）有限责任公司
印　　刷　福州德安彩色印刷有限公司
开　　本　700毫米×1000毫米　1/16
印　　张　12.5
字　　数　200千字
版　　次　2016年8月第1版
印　　次　2016年8月第1次印刷
书　　号　ISBN 978-7-5335-4998-5
定　　价　39.00元

作者序 1

近年来多肉植物相当受人喜爱，这使得市场上的多肉种类愈来愈多。在获取容易、种类多样等条件下，很多人从喜欢收集品种，转而开始踏入尝试加入个人想法及创意的盆栽组合领域。这风潮可说是把多肉植物往上推到了极致，也让大众趋之若鹜，纷纷投入多肉的世界。

在众多多肉当中，又以景天科石莲花属这类多肉广受喜爱，究其原因， 主要与人们的喜好有很大关系。景天科多肉的特点是没有刺，颜色丰富多变，外形有如美丽的花朵，有别于其他观叶植物的几何形态。这使得它在组合时操作方便，完成的作品更是独树一帜。它甚至在价格上也较为亲民，因此让人由衷喜爱，成为组合盆栽素材的首选。

从开始玩多肉迄今已超过十个年头。一开始玩的品系很少且价格高昂，要是一遇到没见过的品种，就会疯狂地想要收集拥有。或许是对于新品种不熟悉，因此造成在手上消失的多肉为数不少，但这也让我从中总结到经验，对它们越来越熟稔，也就开始玩起了多肉组合。那时日本 NHK 所发行的杂志《趣味的园艺》中好几期都有关于多肉的介绍，并收录多肉的组合，瞬间让我眼睛睁大好几倍，马上就被这些独具一格的作品所吸引。其中又以柳生真吾的作品所带给我的震撼度最大，由此启发了我多肉组合盆栽的摸索之路。也因为所处环境的关系，如何运用简单的方式，以快速、方便的技巧完成一件作品，便成为我所要追求的目标，也正因为如此，读者可在书中看到我如何以简单又快速的方式组合作品了。

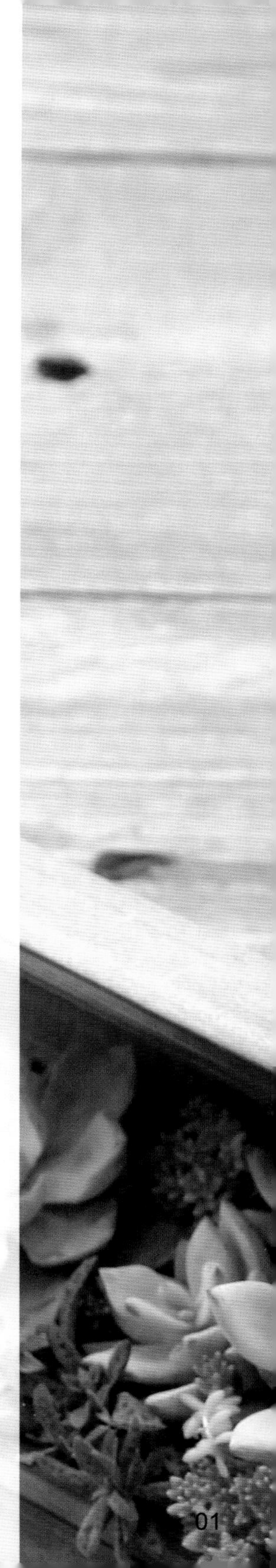

一般来说，喜欢多肉的朋友大致可分为两种类型。一种是玩品系，他们以收集品系以及繁殖多肉为出发点，能把单一品种栽植得又美又肥大，子孙满堂是他们挑战的重点，进而从中获得自己想要的乐趣，玩到极致后，接着而来的就是育种。至于另一类朋友，其重心就着重在玩组合。在了解植物特性、生长习性、 繁殖要领后，运用这些特性加上一些技巧，把不同形态、颜色的多肉合植，设计成可融入生活空间、居家环境、庭园的作品，亦或是设计成可馈赠的精美礼品。总之能巧妙地跟生活连接，进而增加生活品质、调养性情，就是这群喜爱玩组合朋友的目标。

书是最能传达学识技能的载体，我撰写这本书的目的，主要是想将自己多年来的经验、对多肉的认识、对植物的态度，以及多肉组合方法做系统介绍，一步步地带领有兴趣的朋友进入多肉王国，以轻松无负担的方式玩多肉组合。本人才疏学浅，虽说有多肉组合课程的教授经验，但面对浩瀚的植物知识领域还是力有未逮，也欢迎各位不吝指正，希望借由此书能与朋友们分享种植植物的乐趣，并传达一些对待植物的正确态度。

作者序 2

最初爱上多肉的原因是，上网搜索要如何照顾家中原本就有的少数几盆多肉时，却在网络上看见更多各式各样、有特色又可爱的多肉植物。这让原本没有特别喜爱多肉的我瞬间就迷上了它们，也从此开启疯狂爱上多肉的生活。

爱上它们之后，我开始四处购买、搜寻和收集多肉，原本每周末都会到园艺店逛逛的习惯，变成一有时间就往园艺店跑的激情，只为了看看店家种的肉肉，也想看看有没有“新货色”可以购买。疯狂的行径并没有就此打住，除了固定会逛园艺店外，也开始四处拜访，享受在各个地方挖宝的乐趣，常常因为买到新品种或发现梦寐以求的品种而高兴得不得了。

刚认识 Ron 老师的时候虽然彼此很陌生，但因为都同样喜爱多肉植物，话题投机，很快就变得熟识，之后很幸运地能够跟老师学习各种多肉组合技巧。开始学习多肉组合后，对多肉植物的喜爱变得更加热烈，不再是单纯的栽培或收集品种，而是通过多肉组合去“玩”植物。

玩多肉组合又造就了另一种疯狂，就是把看到的各种器物都拿来尝试做组合用，也不断地在脑海中构思各种组合作品，有了构想后便开始寻找材料，甚至是自己动手制作。玩组合的过程中充满各种乐趣，有时候也会因为作品花费很多心力而失去耐心，这时候就让自己放松一下再继续，最后作品完成时则有种说不出的成就与喜悦感，也因此看见更多样的多肉之美。而在玩组合的过程中，如果

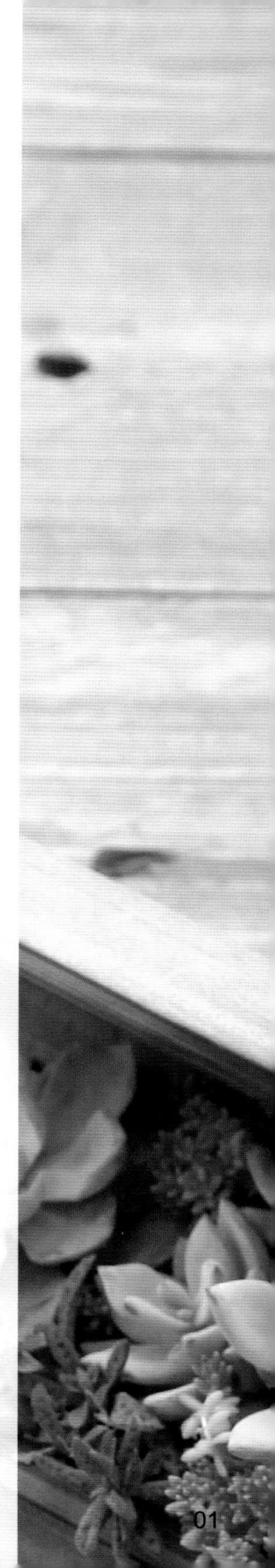

跟三五好友一起边聊边做，会充满着欢乐与趣味；若独自一人完成，则可以享受这静谧的时光。但无论是什么形式，玩多肉组合不但可以陶冶身心，也能让总是忙碌的现代人有个放松的机会，达到治愈心灵的作用。

本书多肉图鉴的部分由我撰写，爱上多肉的人不论是栽培亦或玩组合，辨别出各种多肉是很重要的，了解各品种、科属之间的生长特性更是不可或缺的一环。在挑选组合作品所使用的多肉时，或做组合中考虑各品种间的安排时，如果对于各品种特性能熟悉地掌握，就能够做出最适当的配置。图鉴的部分，是挑选了目前市场上较常见的品种作介绍，除了简述各品种的特色外，也将各品种的生长性状、大小与繁殖方式列出。繁殖的部分，其实每种多肉都有一种以上的繁殖方法，但图鉴列出的是最普遍被使用或较容易执行的方式。多肉的栽培会因为方式、环境的差异而表现出不同的样子，所以图鉴主要是提供栽培时的一种参考。栽培多肉的过程也是不断地学习的过程，借由此书与各位分享我的经验，同时也欢迎各位贤达给予指教。各位肉迷，一起开心玩多肉吧！

目录
Contents

第1章
认识可爱的多肉植物

第2章
28 款无保留的多肉盆栽组合技巧

第3章
280款超人气多肉品种图鉴

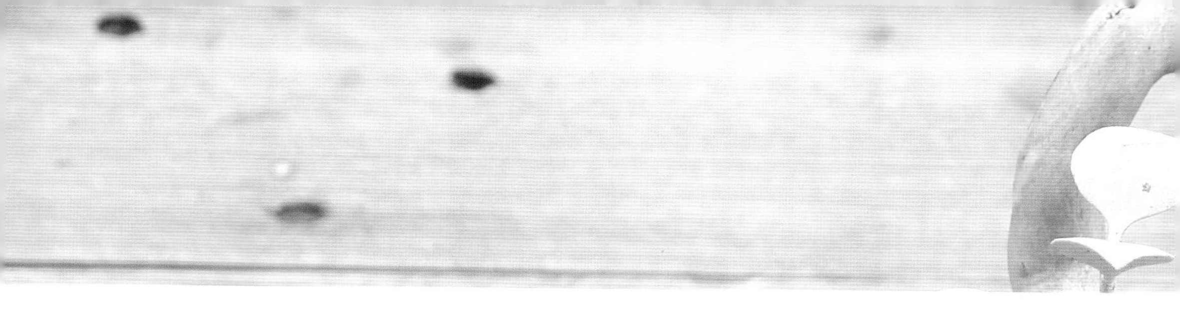

第1章
认识可爱的多肉植物

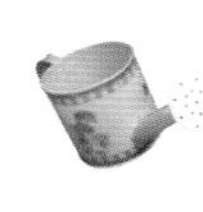

什么是多肉植物

“多肉植物”是一个统称，顾名思义，是一种肉质多的植物。在我们居住的地球上，地形、气候、纬度等因素的不同造就了很多不同的环境。在雨量少、日照强、日夜温差大、土壤贫瘠的恶劣环境，像是沙漠边缘、海滨以及山坡岩石破碎带、山区等，植物为了适应这样的环境，而把自身的根、茎、叶特别演化成可以储存水分的膨大肉质器官，我们便称之为“多肉”。

很多人对多肉与仙人掌的第一印象是：沙漠植物，喜欢热、干燥的环境。所以一般人多会以为多肉、仙人掌是喜欢夏天的植物，但事实上却非全是如此。沙漠的日温虽然有时高到 40 ~ 50℃，但夜温或许会降到只有几摄氏度。这样的夜温让历经高温煎熬的植物在夜晚有了喘息的机会，得以生长。喜欢多肉的朋友，亦常会听到它们分为冬生型、夏生型、春秋生型，这指的是该类型的多肉植物在原生环境下，生长旺盛的季节。

多肉植物的特性就是根、茎或叶特别肥大

冬生型：夏季气候酷热，不利此类型多肉生长。而冬季的气候环境较适合它们，因此植物在冬季时蓬勃生长。

夏生型：冬季酷寒，不利此类型多肉生长。而夏季较适合它们，因此植物会在夏季时蓬勃生长。

春秋生型：冬季与夏季都不利此类植物生长，只有春、秋季节的气候较为适合。

中国台湾位处热带、亚热带环境，四季界线较不分明，且春、秋季节的分界线也不明显，因而造成我们只对夏天、冬天有较强大的感知。一般来说，在台湾，冬季的气候刚好适合大多数多肉植物生长，反之，夏季则较不利于多肉植物的生长。

■ 多肉中的万人迷——景天

在众多多肉植物中，其中又以景天最受肉迷们的喜爱。景天是多肉家族中的一个小分支，比较学术的说法，指的就是景天科植物。

就目前所知，景天科约有 30 多属 1500 多种，加上园艺栽培品种等，这小家族的数量还算不少。原产地也遍布世界各地，主要分布在非洲、中亚、欧陆、美洲大陆等地。台湾亦有原生的景天科植物，如东北角常见的台湾景天（石板菜）和高山地区的玉山佛甲草等。

那么，景天科植物外形长得如何呢？举个较贴近大家生活的例子来说，我们所熟悉的“石莲”就是景天科植物。它可做成我们喝的石莲汁、吃的石莲叶。“石莲”一词贴切地道出景天科的形态重点“似石头般的莲花”，它有大有小，有高有矮，外形都有着如同莲花般的模样。当然啦！既然景天科包含那么多属，因此形态上并不是只有像莲花一般，除此之外叶形还有波浪状、条棒状、圆形、扇形等，形态上多到让人目不暇接。

台湾景天

条棒状——锦蝶

波浪状——祇园之舞　　扇形——银波锦

圆形——虹之玉

■ 景天为何如此受欢迎

会吸引众人目光的事物，不外乎是具有美好的外在形态。景天科植物其形态呈现多变的几何图样；颜色也有着丰富的变化，如红、黄、青、紫、黑、白等。此外，它还有覆轮、缟斑、中斑、线条等种种变异，这些变异是因缺乏叶绿素，而产生白、黄的斑块或线条的变化，称之为“锦”。其百变姿态与颜色让人为之着迷。

蓝石莲石化
生长点的变异，由一个生长点变异成多个生长点，而使植株看起来与原本的形态不同，称之为“石化”

绿霓缀化
若生长点刚好排成一直线，称之为“缀化”

黄斑熊童子
熊童子的黄色中斑变异种

沙漠玫瑰（夹竹桃科）

生石花（番杏科）

魔玉（番杏科）

姬龙严（龙舌兰科）

玉露（百合科）

帝王锦（百合科）

这些变异丰富了景天科的观赏性，加上其繁殖力强、好照顾，以及具有亲民的价格，因此让人很容易就能入手。当然，多肉植物中还有别的科属也相当受到大家的喜爱，如番杏科的生石花、魔玉、天女云，夹竹桃科的沙漠玫瑰，百合科的玉露、帝王锦、羽生锦等。

如何照顾多肉植物

■ 日照与环境

阳光、空气、水是植物生长的三大要素。不同植物对于这三个条件的需求也大不相同，大多数的景天石莲都喜欢温差大、凉爽干燥、光线充足且通风的环境，不喜欢高温多湿、不通风且闷热的生长环境。因此台湾平原的“晚秋”到翌年“初夏”这段时间，可说是多肉植物生长以及观赏价值最佳的时候。

在这段时间里，气候较为干燥，雨水不多，对景天来说是完美的生长湿度，所以这时候给予全日照的环境，植物的颜色就很美丽迷人，且此时也很适合进行各种园艺行为，像是换盆、繁殖、组合等。

在日照不充足的状况下，植物为了接收更多的日照，会把叶与叶间的距离拉大，也就是说茎会长得比较长，或是让植株长得比较高，以便吸收更多的日照，而整个莲座不像一朵花，此状况称之为“徒长”。

左侧植株在日照不充足环境下，节间因此拉得比较长；右侧植株在日照充足环境下，节间密集

入夏后，多数的多肉植物会进入休眠期。这时因其生理活动较为缓慢，对环境变化的适应力相对变得孱弱，多肉就很容易因强烈日照而有烧伤状况。可将之移至日照较温和的树荫或遮光罩下，给予适当的遮阴。

多肉植物丰富的颜色变化也是其特色之一，为什么它能从绿色转变为黑色或者是红色等颜色呢？其中一个原因在于植物体内的叶绿素等内部色素的变化。当温度较低时，叶绿素便会往叶内集中，这时叶黄素等其他色素便显得比较突出，而使叶片有红、黄、白、黑、紫等不同的颜色改变，因此也丰富了植物相。而在形态上，有些多肉或许会有类似绒毛的构造，其作用是为了凝结雾气形成水滴，以供给自身水分，或是阻隔强烈阳光。此外在寒冷的夜间，它也具有保暖效果喔！

左侧为夏季时的颜色，或生长于有遮阴的环境下；右侧为冬季时的颜色，或生长于全日照环境下

■ 空气

植物进行光合作用时需要把空气中的二氧化碳，经叶绿素合成所需的醣类，以供给植物养分；当它行呼吸作用时，也需要氧气来帮助代谢。流通的空气会使水分的蒸发较快，一方面能让介质干燥的速度变快，二来也能让叶面的蒸发速度加快，带动根部的水分吸收。

此外，多肉利用二氧化碳行光合作用的机制与其他植物有些不同。白天的日照温度较高，为防止水分散失，多肉植物会关闭气孔，但气孔关闭时，二氧化碳无法进入细胞，而使得光合作用无法顺利进行。因此经过多年的演化，如仙人掌、凤梨等多肉植物发展出一种特有的有机酸代谢路径，称之为景天酸代谢（Crassulaceae Acid Metabolism，缩写：CAM）。

简单地说，它的机制是在白天关闭气孔，无法得到二氧化碳时，让多肉先进行不需要二氧化碳作用的部分生理过程，等夜间气孔打开吸收二氧化碳时，再完成其余的过程。因此 CAM 代谢作用让光合作用顺利完成。这也是多肉与其他植物最大的不同之处。

■ 水分

水对植物来说很重要，吸收养分需要水，支撑个体需要水，体内养分的流动也需要水。

浇水虽然是一项很基础的工作，但其中却包含着大学问。“栽培介质干了再浇”这句话虽然简单地说明了浇水的基本原则，并适用于各种植物，但植物的浇水方式也会因植物对水的需求性、栽培介质的含水性、气候因素影响空气中湿度的高低或环境的通风性等，而有不同变化。

台湾的冬季受到大陆冷气团影响，除迎风面的东北角外，其他区域雨量较少、温差大、日照充足、空气湿度低。由于此时正值多肉植物生长期，因此水分供给就要相对地增加。

梅雨季来临时，便是宣告进入度夏的

准备。这时台湾高温多雨、湿度高，而形成了又闷又湿的气候，往往这时对多肉植物来说是最难熬的季节。此时，水分的供给就可以相应减少，从干了再浇，调整为干了三五天后，甚至是七天或更久后再浇水。

这时的任务是让植物安然地度过这段难熬的季节，形态颜色的美丽与否就不是此时的重点了。而在这时候也应当减少各种园艺行为。当植物遇到不好的环境与气候时，为求生存，往往会让自身有些变化，以因应之后的恶劣环境，如落叶、让生长变慢或停滞。这状况称之为“休眠”。

而我们给予的环境条件也要适当地做些调整，如遮阴、让光线明亮、通风、避雨等。当然这些都不是绝对的，就如同电影《侏罗纪公园》说：“生命会自己找出路。”不过我们给的引导，会使其找到路的时间变快很多，园艺上称此现象为“驯化”，指的是植物为适应环境的改变，而调整本身的生理反应以及生长状况。这时间有长有短，取决于给予的环境与原生环境差异性有多大。

■ 季节转换时的养护技巧

季节变换时，考验的不只是植物，也考验着我们的临机反应。怎么说呢？当从春季进入夏季时，或许因为植物生长旺盛，让细胞壁变得有点薄而使得其对日照的抵抗力变得有点差，在植物还没来得及反应时，强烈的日照反而会造成灼伤，因此适当的遮阴是有必要的。

再来便是遮雨，随着梅雨季到来，为避免因过于潮湿而腐烂，遮雨的工作也显得重要。夏入秋时，经过了一个夏季的煎熬，此时不要一下子就把植物往全日照环境放，慢慢移动才是正确的行为，瞬间剧烈的环境变化，会让植物无法适应而产生烧伤或若干的伤害，反而让状况不好的植物在不佳状态下雪上加霜。而恰当的园艺工作（如扦插、换盆）则等气候稳定时再做也不迟。

移植、繁殖方法

■ 土壤、介质介绍

目前市面上，若要找吸水性较佳的栽培介质，建议可选择园艺栽培介质、泥炭土、水苔，至于蛇木屑及椰子块，它们不仅具有涵水功能，亦能增加排水性。

而排水性较好的介质则有珍珠石、蛭石、唐山石、鹿沼石、赤玉土、白火山石、黑火山石、木炭、粗砂等，这些都是目前市面上较常见的。至于比例方面，要看个人调配。若要吸水性好些，那么吸水性佳的介质比例就要高一些；若要求排水性良好，那么就要增加排水性佳的介质比例。当然，也可以单用一种介质。但总而言之，必须要依介质特性来选择适当的管理方式。

一般来说，水苔大多运用在立面组合中，目的是减少土壤滑落，又因其保水性佳，所以对介质少的组合来说是首选素材。但若是盆植的话，就不太建议选用水苔，因为容易过湿，造成根部腐烂。

基本上，调配比例并无所谓的一定比例，只要掌握住介质能够疏松，抓一把在手上时不会结成块状的原则即可。

■盆器的选择

盆器就像是植物的家，面对市面上琳琅满目的产品，我们该如何挑选呢？

栽培盆

这种容器适合用来作为栽培、繁殖使用，它的优点是重量轻、价格便宜且样式多变，缺点是盆器本身不透气，质感不佳。

素烧盆

简单烧制的、未上釉的红土盆，我们称之为“素烧盆”，一般来说，风格会较趋向于欧式。素烧盆又可分为高温烧（1000℃以上）和低温烧（800～1000℃）两种。两者的差别在于前者结构比较结实，硬度较高，相对的成本也较高，最为大家所熟知的意大利素烧盆，就属于前者。至于后者，硬度较低，结构较不扎实、易破损，但成本较低，所以目前市面上多数以此种较为普遍。

这种容器的优点是透气、质感佳、变化性多且使用时间长；缺点是重量较重、单价相对较高，使用久了以后会长青苔，不过也有人刻意要让青苔装点盆器。

一般来说，最常见的还是栽培盆，也就是塑料盆

这种盆器可以拿来做变化，像是彩绘、上釉、蝶谷巴特等，但同时也会把表面的毛细孔堵住，变得不透气

陶盆

有别于素烧盆，它颜色较深，呈棕黑色，多数为高温烧，一般来说，风格具有东方色彩。其优点是透气、质感佳、样式多、使用时间长；缺点是重量较重、单价较高。另外，它也有上釉的款式，虽然这会堵住毛细孔，但较为美观。

Q&A 从农场买回去的多肉植物需要马上换土吗？

在农场里，为便于植物管理，大多用的是有机质较多的园艺栽培介质。当然每个生产场用的都会有所不同，单价较高的植栽，其使用的栽培介质往往调配得比较好；而较为平价的植栽，因应介质管理、成本等种种因素，多会是使用普通的园艺介质。其特性是，有机质较多的介质，保水、保肥度佳，植物成长速度会较快；而排水性良好的介质，保水、保肥度会较差一些，植物生长速度就较慢。

因此换不换土，这问题也就因应个人管理方式，或依介质特性去做决定，并非不换就枯萎。若无法依植物生长状态去判定时，秉持一个原则，即介质干了再浇水，让介质有干有湿。若是植物经常处于潮湿的状态下，土壤空隙都被水填满，根部就会无法呼吸，且土壤与植物间的养分转换也会受到阻碍，影响植物养分的吸收。

瓷器

高温烧上釉的盆器。优点是美观、样式多；缺点为单价较高、不透气。

其实只要能拿来种植植物的，都能成为盆器。餐具、茶具、空的马口铁罐、玻璃器皿等都是很好的素材，我们无须拘泥于一定要使用市面上贩售的盆器。仔细观察生活周围环境，您会发现原来有这么多各具特色的素材都能拿来作为植物的家，俯拾皆是独树一帜的创意。

■种植

对多肉植物有了基本认识后，紧接着的便是种植与栽培了。“干燥、通风、温差大、日照充足”这四点是基本原则，但却不是必然。怎么说呢？因为“植物是活的”，我们千万别用死板的方式对待他们。因应不同环境、不同介质，以不同方式去管理，而不是一味地几天浇一次水、强日照，或是限水。

生活中，俯拾皆是种植多肉的素材

种植植物并没有想像中那么难，喜欢植物的朋友想必都很清楚基本的种植方法。

首先把要使用的盆器装至三分满的土，接着把要种的植物放入，填土至八九分满，稍微压实即可。留下的空间是为了放置肥料及保水用的，以免浇水时肥料及介质被水冲走，或是介质来不及吸收水分，水分就流失了。

在盆器里的植物，因生长空间受限，水分、养分的供给全靠我们给予。因此，借由观察植物的生长状况，才能了解植物要的是什么，这是成为绿手指所必修的课程。换言之，就是要花时间去观察并了解植物。

主要观察何时给水、给多少水、何时下肥料、分量的拿捏、甚至是何时换盆、何时做繁殖的工作等。一般来说，掌握的原则是：生长季给水，一次浇湿，等土壤干了后再浇。观察土壤是否干燥，可从盆栽重量、土壤颜色作判断，或是直接用手指去试。对于比较耐旱的植物，可以

干了后隔2～3天再浇水。如果从植物的表现来看，缺水时有的叶子会皱皱的，有些叶子会软软的，或是有的下叶会容易黄化掉叶。这些都是缺水时的特征。

对于植物，也不能一味给水，土壤长期处于湿润状态下，会不利根部生长，甚至会导致烂根。这时植物也会以掉叶来告诉你，或叶片呈现皱皱干干。这是因为根部无法供给所需水分，而呈现缺水的状态。此情况严重的话，还会伴随细菌感染，导致腐烂状况产生，造成整个植株烂掉的后果。

Q&A 何时给肥？给多少肥？

一般栽培介质都会标榜加了肥料。但虽说加了，其养分也会随着浇水的流失和植物的利用而减少，因此添加肥料就有其必要性。

肥料种类很多，常见的有化学肥、有机肥。有机肥是有机质经过发酵而成的肥料，化学肥料则是经过化学合成，而成植物所需的生长元素。这两种都有根据使用目的而分为观叶肥料与开花肥料，主要是依其所含成分比例来区分。

植物所需基本三要素为氮、磷、钾，当然还需要其他微量元素的配合。肥料包装上通常会出现如20－20－20或20－10－15的数字标示，这三个数字是表示氮－磷－钾的比例。简单来说："氮"关系着叶片的成长；"磷"关系着花的成长；"钾"关系着根的成长。这三者缺一不可，在不同时期所需的比例也不尽相同。若成长期生长旺盛，植物所需氮的比例就会增加，这时给予的肥料就以氮肥高的为佳；磷会影响花苞的形成，故开花期磷的成分比例就可增加。而其他的微量元素，虽然不是很必需，但缺少了也会影响植物成长。每家肥料公司在肥料中添加的微量元素也有所不同，所以建议当一个品牌的肥料用完后，可改用另一个品牌的。

Q&A 有机肥跟化学肥有何差别?

有机肥富含有机质，可改善土壤，也有利于土壤內微生物的生存。微生物会帮忙分解有机质而成为植物可利用的养分。但有机肥肥效性较和缓，且普遍会有些许气味。化学肥料是化学合成出的，含植物所需的元素，肥效性较快，但经常使用会使土壤硬化板结，盆器也容易出现残留肥料的结晶。

多肉植物通常都是以观叶为主，因此肥料的选择以通用肥或观叶肥料为佳。一般肥料包装上都有使用说明。不同的肥料，肥效性会有些许不同，建议仔细阅读了解相关说明，正确使用肥料。肥料就像人类的食物一样，过少或过量都不好，建议以“少量多餐”的方式施肥。

■ 移植

常有人问，有多肉专用的介质吗？买回去的多肉要马上换土吗？调介质要加些什么呢？就第一个问题来说，土壤有固定植物，供给养分、水分的功能，对大多数多肉来说，排水好的壤土，便是首选。

壤土，不像黏土般黏性很强，但土壤间孔隙多，故排水性佳。虽说是最好用土壤，但实际上因应环境与管理方式的不同，来选择相应的最佳介质。举例来说，如果在一个淋不到雨的环境下，通风好、日照佳、温差又大，水分很容易就蒸发的绝佳环境下，那其实不管你用哪种介质，都无所谓。而这种环境，在台湾应该是位于高海拔山区。

但以平原地区来说，如果是放在户外野放的状态下，夏季多雨、高湿往往会是一大考验，当然排水好的介质这时就是最好选择，可避免根系长期处于潮湿的状态而腐烂。

基本上，因应不同管理方式，介质的选择也会有所不同，对于经常浇水的朋友，当然选择排水良好的介质为佳；若是较没时间浇水，那么选择保水性佳的介质会比较适当。总之，因应自身的管理方式去调配介质，或依介质特性去调整管理方式，并无所谓的“专用介质”！

Q&A 什么时候是换盆的时机？换多大的盆？

1（植物）：1（盆器）比例最为协调，这样的比例在视觉上较不突兀。当植物大小与盆的大小比例呈 1.5 ：1 时，这时就该换盆了，因为在视觉上有头重脚轻的感觉。此外，对于正常生长的植株，当你在换盆时会发现植株有点难以取出，那是因为植株根系生长旺盛，整个盆器内满满的都是根。当植物长到一定程度，根系受到限制，没有空间成长时，便会出现生长停滞现象。所以当你发现正常管理下植物还是没什么成长变化时，就表示该换盆了。

一般来说，只需要换比原本的盆器大一号的即可。当你去除旧盆，取出植株后会有跟盆器相同大小的一个土球，去除外围 1/3 的栽培介质，放入新盆，再加入新的介质即可。去除旧土时，会去除些植物的根系，这对植物来说虽有些伤害，但亦会刺激其长新的根系。当然不去除旧土亦可，大一号的盆器已经比原本的生长空间大，也会让植物的根有更多成长空间。

或许你会想为了一劳永逸，直接更换一个大好几倍的盆器，那以后就不需再换盆。其实不然，通常植物在正常成长下，会在 1~2 年内把根系占满整个盆器。若没有再换土，它也就会呈现上面提到的状况，滞留在一个没有更多成长变化的形态。

步骤 1
晚霞植株已超出栽培盆范围，该换新家了。

步骤 2
选一个大一号的素烧盆，底部先铺 1/3 的介质。

步骤 3
把晚霞脱盆并整理干枯的下叶。若干枯的老根系很多，可去除 1/3 土团。

步骤 4
移入盆内，让原本的土在盆器的八分满位置。

步骤 5
填土至九分满就完成了。

■ 繁殖

繁殖的主要目的有两个，一是增加个体数目，另一是为延续其生命或保存植物本身的特性。通常植物繁殖有两种形式，分为有性繁殖与无性繁殖。

有性繁殖

有性繁殖亦称为种子繁殖或实生法，顾名思义为用种子来繁殖的方法。

优点：

1. 操作容易，一次可得数量较多的苗。
2. 种子方便储存及远运。
3. 可获得无病毒苗木。

缺点：

1. 植物性状易分离，不易保存亲本固有特性。
2. 实生苗具有较长的幼年期，从播种后到开花结果期较长。
3. 单为结果或不具种子的植物不能采用。

就上述优、缺点来说，景天以有性繁殖来取得植物个体的方式多用在育种上。因其无法保有亲本特性，种子繁殖下的个体就会有异于亲本的表现。这个特点也常为育种者所青睐，用于培育出抗病性较强、果实甜度较高，亦或是形态颜色更优越于亲本的子代。

种子越新鲜饱满，发芽率也就越好；储存久的种子，发芽率会随时间变长相应地降低。景天的播种以台湾气候来说，建议秋播较为适合，播种后至翌年夏初的环境较适合景天生长，不会因气候环境的过分变化而让较为脆弱的幼苗无法越夏。

无性繁殖

利用植物组织或器官的再生能力来做的繁殖称为无性繁殖。因采用植物的营养体（根、茎、叶）作繁殖材料，故其也称为“营养体繁殖法”。

优点

1. 植物性状不会分离改变，可得相同性状特性的植株，即所得到的植株带有跟原本植株一模一样的性状，如形状、颜色、年份。
2. 抵达开花结果期早。因年份相同，用成熟已达开花时期的植株，作无性繁殖，由此所得的植株也已达开花期，同样具备开花结果的能力。

缺点：

1. 无法得到异于亲本的植株。
2. 有些操作较为复杂。

■ 繁殖方法

分株法

利用植物不定芽或不定根长出的植株，使其与母体分离而得到新的植株，也就是把小苗从母体分离。

步骤 1

当盆内有过多的独立植株时，便可进行分株工作。

步骤 2

将植株脱盆。

步骤 3

把土团拨开，接着将较大的植株分开。

步骤 4

单独种植于准备好的盆器介质中。

步骤 5

分株工作便完成。

扦插法

将植物营养体的一部分，插入介质中诱使其向下长根向上长芽。此法又可分为叶插法、砍头法。

叶插法

步骤 1
剥下健康的叶片，放置于阴凉通风处，或平铺于介质上。

步骤 2
等待叶底端长根及芽体。

步骤 3
当芽体长到一定大小就能移植了。

砍头法

步骤 1
以剪刀剪下植株茎部上方健康的顶部。

步骤 2
茎部的伤口处可放置于通风阴凉处让伤口自然愈合，沾发根粉亦可。发根粉含杀菌剂、生长激素，有杀菌、促进发根作用。

步骤 3
将顶部种植于栽培介质中。

步骤 4
砍头工作完成。

高芽、走茎（不定芽）

步骤 1
蔓莲及子持莲华都有像这样的不定芽。

步骤 2
取下较大的不定芽。

步骤 3
种植于准备好的栽培介质上。

步骤 4
完成了高芽的繁殖。

压条法

用媒质披覆植物的部分，诱发其长根，再自母体切割分离。此法分偃枝压条法、堆土压条法、空中压条法等数种。

嫁接法

利用植物的组织再生作用，连接分离的两个植物体，使其成为一个独立个体。此法有枝接、芽接、根接等数种，大多用于无叶绿素的全黄化或全红化仙人掌，也用于一些生长缓慢的仙人掌。

组织培养法

又称微体繁殖，它是在无菌环境下，在人工培养机内做植物细胞组织、器官的培养生长。

病虫害防治与急救护理

病虫害从字义上来解释，指的是病害及虫害。实际上除此之外，它也包含一些物理性伤害，如冻伤、日灼、热障碍等。

病害

它指因植物本身不健康或经由伤口感染而受到的伤害，就如同人类感冒一样。一般来说，有因细菌引起的斑点，或是因受真菌、病毒感染造成的植株死亡。

中间白色虫体为介壳虫，以吸食植物汁液维生。因它会分泌蜜液，所以介壳虫出现的地方常招来蚂蚁

虫害

它指植物受到蚜虫、红蜘蛛、介壳虫等昆虫的侵扰而受到的伤害。它们会吸食植物的汁液，使植株健康出现状况。

受介壳虫侵害的黑法师

冻伤

它指由于下雪、结霜等气候因素，植物受不了严寒而受到的伤害。一般来说，台湾的环境比较不会出现冻伤情况。

日灼

它指因强烈日照，使得植物叶片呈现如烧焦般的状态。此情况较常出现在季节转换时。

粉红佳人的日灼

热障碍

简单来说，就是指植株对太热的气候无法适应而产生的生理反应。它有点类似人类的热衰竭（中暑），因身体过热而导致多重器官衰竭。热障碍往往会造成整个植株死亡。

病虫害防治，可分为物理防治及化学防治。物理防治就是改变环境去杜绝病虫害根源与植物接触的机会，例如增设设施、遮阳网、网室等。设施能减少跟着雨水下来的病菌与植物接触的机会，虽然空气中到处都有病菌，但减少接触机会，相对的感染机会也就降低，也可避免雨季时过多的水分导致植物腐烂；而遮阳可防止烧伤；网室则可防止比网孔大的害虫进入。

化学防治就是用化学药剂（农药）喷洒防治。使用的药剂可分杀菌剂及杀虫剂。杀菌剂是针对细菌、真菌等肉眼看不到的病原菌的；杀虫剂是针对节肢动物或无脊椎动物的，如蚱蜢、蚜虫、介壳虫、夜盗虫、红蜘蛛、蜗牛、蛞蝓等。

化学药剂都能在园艺店购买，若要较为专业的化学药剂就要到农药行。一般来说，园艺店的化学药剂为环境用药，药性较温和，而农药行则会针对某些病菌或某些虫害做专一性的根治。不过使用化学药剂要注意正确的使用方式，做好防范措施，并避免儿童接触。

至于一些非病虫害造成的生理伤害，就尽量以人为方式去杜绝伤害。如日灼的防范，就是以遮阴方式避免日照过强；避免寒害发生，就要把植物移到较温暖的地方或加温处理；遭遇热障碍时，就把植物移至较凉爽的地方或作降温处理。

多肉选购技巧

选购健康的多肉植物其实并不难，但切记，尽量别用手去碰、去捏它。因为有些多肉植物的叶面上有粉，手一碰，就会把指纹留在叶面上，而影响植株美观。用手去捏，有时会伤害植物的组织，使叶片坏死。

挑选植物时，以形态饱满，叶形肥厚的为上选。轻轻摇动盆器，植株不为所动者，表示根系很健全。若轻轻摇动时植物会晃动，表示根系还没很健全；如果叶片跟着摇动掉落，那就表示植株有问题。不过切勿大力晃动植株，只要轻摇即可。

此外，选购时间点也相当重要。一般来说，请尽量在植物生长旺季时选购，也就是秋天。此时植物因为处于生长旺季，所以植株都很健壮。若是在夏季，植株可能就不是那么美观，且照顾上还要花费较大的心思，才能免于死亡。

挑对店家也很重要，尽量挑选信用好的店家，或对这植物有一定认识的店家。那么当你遇到问题时，也有地方询问。

第 2 章
28 款无保留的多肉盆栽组合技巧

■ 工具及材料

工具是作业时所用的辅助器材，一般常见的器材有剪刀、铲子、钳子、铁丝等。基本上，只要能让我们达到事半功倍的用具都能拿来运用，并没有限制一定非要使用什么工具喔!

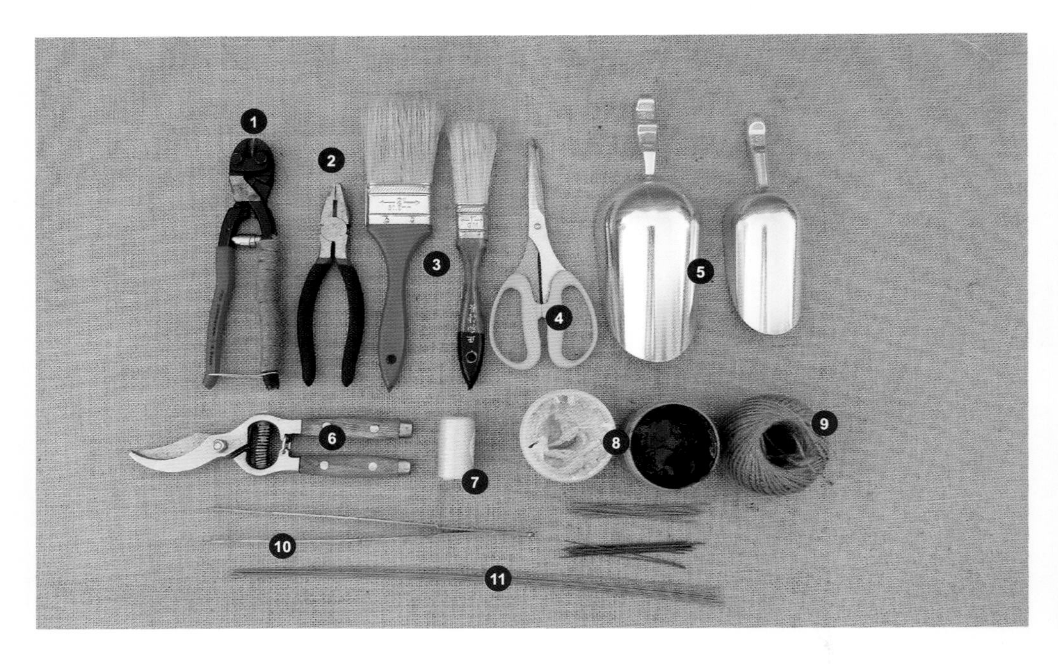

❶ 破坏剪：剪断铁丝用。

❷ 老虎钳（尖嘴鉗亦可）：用来剪断铁线，扭紧铁丝。

❸ 刷子：清除植物上的介质或石头用。

❹ 剪刀：裁剪植物用。

❺ 多用途不锈钢铲：盛土、装填介质时使用。

❻ 剪定夹：剪断茎较粗的植物用。

❼ 棉绳：捆绑、固定用。

❽ AB 胶：黏着时使用，切勿用热熔胶及白胶，因它们碰到水时会脱落。

❾ 麻绳：捆绑固定用，也可拿来作为装饰。

❿ 不锈钢镊子：遇到较小的植株，无法直接用手操作时使用。

⓫ 铁丝：各种粗细尺寸，用来固定植物。

■ 设计基本原则

虽说美是一种很主观的感觉，每个人对美的观感都不尽相同，欣赏的角度也各异其趣，但还是会有一个最符合大众欣赏角度的统一观点。以这些观点为准则，做出的作品也就能符合大多数人对美的喜好。作品做多了，进行创作时，就熟能生巧，会很自然地挑出自己想要的植物形态及颜色。

以下提出几项基本原则，供您参考：

1. 设计 决定作品的外形、形态，以及三维空间的长、宽、深，也就是作品的大小以及风格。

2. 比例 大小间的相互关系，盆器与植物或配件间的大小比例。

3. 平衡 视觉上让人感觉稳定的印象即称为“平衡”，又称均衡。其中包含对称与不对称，对称是相同的形态、颜色；不对称是指相反的形态、颜色。这里要注意的是架构与色彩的平衡，色彩又包含位置、色块、色调的平衡。

4. 协调 整个作品间各个元素达到相互辉映，让人有超乎物理性的感觉，也就是所谓的美感。

5. 焦点 通常一个作品的焦点会落在花器上方的盆口附近，以及形态最大或颜色最亮眼的素材上。

6. 韵律 追求一种动态的感受，关乎作品中动线的安排。

7. 重点 显著地处理某个角落或素材，特意强调。或者利用强烈的大小、颜色、形状构成对比

8. 重复 形状、数量、颜色的反复使用。

9. 组合 将不同素材间的造型、颜色、线条连接成为一致性的构造体。

以上这些原则其实是商业空间里要注意的一些事项。当作品要成为商品时，一定要具备其成为商品的价值，所以考量的重点就会很多。但如果纯粹只是居家种植，那就只要把握一个大原则——“自己喜欢最重要”，毕竟作品是照自己喜好所创作出来的，使心情愉悦，那就是玩赏植栽的最大目的。

01 欢欣“竹”舞

简单的竹制容器，带着东方禅味。

行云般的漂流木，为木讷有节的竹增添了一丝灵动感。

“银之太鼓”如同舞动着羽扇般，欢欣地跳跃 、飘舞在竹节之间。

材料

植物：

1 黄金万年草……………………P174*
2 火祭……………………………P143
3 铭月……………………………P173
4 大盃宴…………………………P161
5 姬胧月…………………………P162
6 霜之朝…………………………P170
7 蓝石莲…………………………P146
8 花簪……………………………P143
9 秋丽……………………………P162
10 银之太鼓………………………P166

介质材料与工具：

铁线（20 号、18 号）
栽培介质、水苔、
剪刀、尖嘴钳。

容器：

制作一大一小的竹制容器。取一节竹子，将其分切为 1/3 与 2/3 大小的两段，以小的为底座，大的作为盆器。两块竹子利用螺丝做连接，再将漂流木以同样方式固定在竹子上。完成后可用喷枪将竹子烧出焦黑效果。

设计理念

运用同属白色系的蓝石莲、霜之朝、银之太鼓，做出动线以让视线由左至右，再往上拉长作延伸。银之太鼓直立的线条与漂流木的曲线相呼应，冲突中又带份和谐。

维护重点

适合室外全日照的环境，栽培介质干了再浇水。由于介质少，所以要注意勤浇水。

*：P174 指参见第 174 页，全书同。

01.欢欣“竹”舞

做法

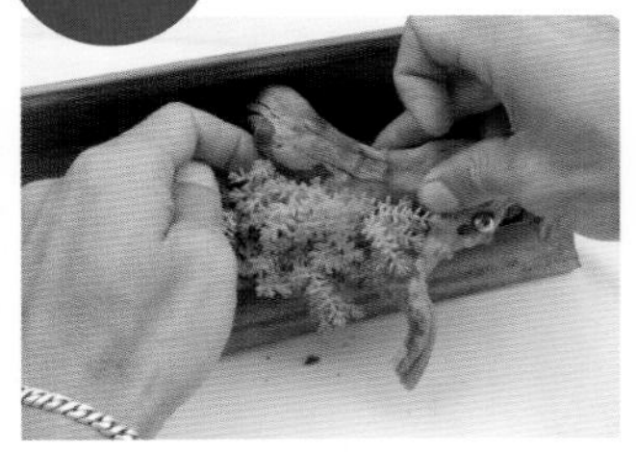

01.
取些许带土团的黄金万年草植入竹器与漂流木间的隙缝处。

02.
植上霜之朝，种植时注意植物的面以及高矮层次的配置。最后再以黄金万年草填补后方的空隙。记得要往漂流木方向将介质压得紧实些。

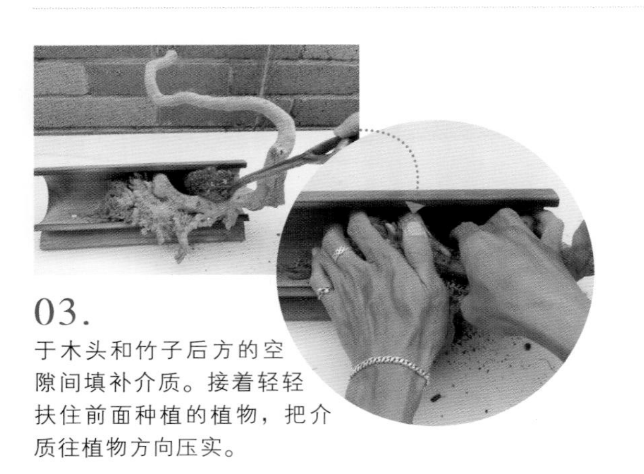

03.
于木头和竹子后方的空隙间填补介质。接着轻轻扶住前面种植的植物，把介质往植物方向压实。

04.
将火祭置于后上方以 U 形钉作假固定。

05.
右前方植入铭月。

06.
将银之太鼓植入后调整其位置，让它自然地从火祭与铭月中拉出线条。

07.
植入第二棵铭月，并调整层次及高度。

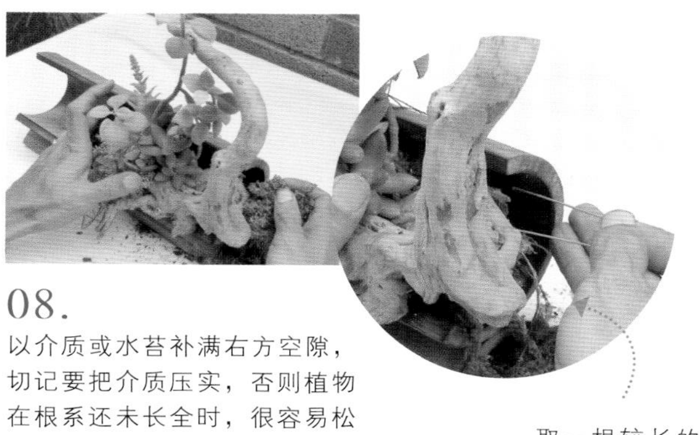

08.
以介质或水苔补满右方空隙，切记要把介质压实，否则植物在根系还未长全时，很容易松散而变形。

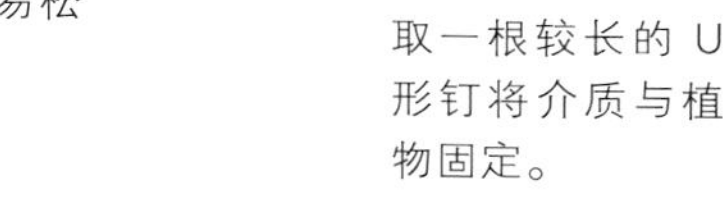

取一根较长的U形钉将介质与植物固定。

09.
植入大盃宴后调整面向及高度。收尾时，先将黄金万年草植入，再补上U形钉防止下滑。

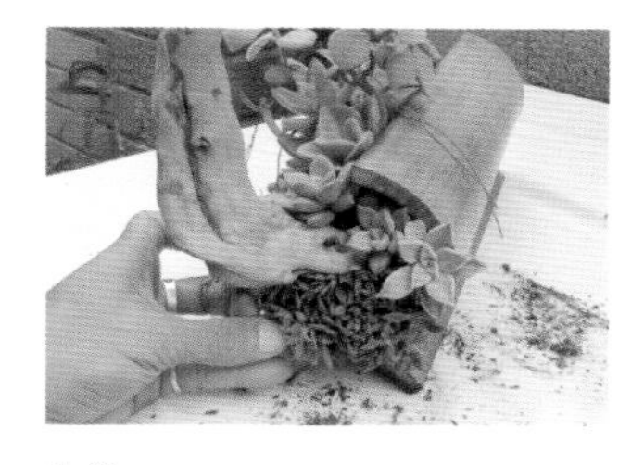

10.
上方空隙处先把姬胧月作假固定后，取带土团的花簪填补剩余空隙。

11.
用一根较长的U形钉将蓝石莲跟主体做连接。当左右各有U形钉向中间固定时，介质就会全部往中间压实，而生成一个扎实的土球，这样一来，作品就比较不会变形。

12.
主体完成后，接下来做配件。在没有漂流木可倚靠的状态下，种植方式是把植物放置在盆器上。

完成

13.
周围以水苔包覆，用U形钉固定。

02 瓶中之森

锦蝶坚韧，有如松树般特有的造型，

让我们运用它来营造树林的一隅吧！

将其收藏在这清透的玻璃瓶中，

为家中带来森林的味道。

材料

植物：

1 加州夕阳……………………P162

2 锦蝶…………………………P163

介质材料与工具：

棉绳、玻璃珠、栽培介质、水苔

容器：

玻璃盆器

小贴士

请选择瓶身较高的玻璃盆器，这样才能容纳锦蝶的高度。

设计理念

利用锦蝶如同松叶般的形态，营造出森林树木的层次感。低矮的加州夕阳，除了配色，也能营造灌木丛的低矮层次。最后搭配驯鹿水苔，森林的氛围油然而生。

维护重点

适合置于室内窗边明亮处，密闭环境水分不需太多，浇水时尽量别滴在玻璃上，以免水渍影响美观。

02. 瓶中之森

做法

01.

将锦蝶的下叶剥除或剪除，取其顶端如同树冠形状的部分备用。

02.

依高低层次取数段使用，最高的部分以不超出瓶身为基准，之后依高低落差取用。

03.

取出水苔，将其泡过水后把水分压干，接着包覆在最长那根枝条的根部。

04.

调整高低层次，逐步将枝条依序置入。

05.

最后加入配色用的加州夕阳。

06.

调整一下所需要的角度，做出初步构图。若叶片太多可再稍微作修除。

07.

将水苔压实，捏成一个可放进瓶口的水苔球。

08.

以棉线缠绕固定成一个水苔球，亦可使用钓鱼线或细铜线。

09.

再次调整好角度，切记小心调整，以免不小心折断植株。

10.

轻轻地抓住最高的锦蝶，将做好的水苔球慢慢放入瓶中。

11.

取把长镊子将驯鹿水苔置入，驯鹿水苔的作用主要是用来盖住水苔球，并增加美观。

12.

轻拨植物四周，直到都盖过水苔球。您可依自己的喜好，选择绿色或原色驯鹿水苔。

13.

加入玻璃珠作为装饰，若玻璃珠过大，可将瓶身倾斜，用滚落的方式置入，以免玻璃盆器被敲破。

14.

最后用长镊子调整所要的位置，且不妨装饰些小饰品。建议用符合想要的主题的饰品做搭配。

完成

缩小版的森林完成了。摆放于生活空间某个角落，顿时让家中多了股森林的气息。

03 “岁岁”叠叠

素烧盆与木板的相遇，

岁月在盆上留下的痕迹，是碎也是岁。

借着木板的堆叠，又是另一番光景。

材料

植物：

1. 白凤……………… P152
2. 姬秋丽…………… P159
3. 红日伞…………… P148
4. 胧月……………… P158
5. 玉蝶……………… P146
6. 姬胧月…………… P162
7. 秋丽……………… P162
8. 新玉缀…………… P172
9. 黄金万年草……… P174

介质材料与工具：

水苔、栽培介质、铁丝（20号、18号）。

容器：

把破碎的素烧盆利用AB胶依自己喜欢的排列方式粘在木板上（请选择具防水性的胶，切勿用热熔胶）。

设计理念

破损的瓦盆，搭配几块经过时间淬炼的旧木板，经过简单的堆叠及排列组合后，展现出它独树一帜的品位与风格。主体白凤的大器，让整体焦点集中在盆上，新玉缀的垂坠感更衬托出主体的优雅。而突出的胧月，为作品增添些许律动感，并与主体相互呼应。

维护重点

适合置于室外全日照的墙面，浇水视介质的干燥程度适度给水。

03.“岁岁”叠叠

做法

01.
先在较大的盆器中填入介质，或用发泡炼石等排水良好的介质填充至七八分满。

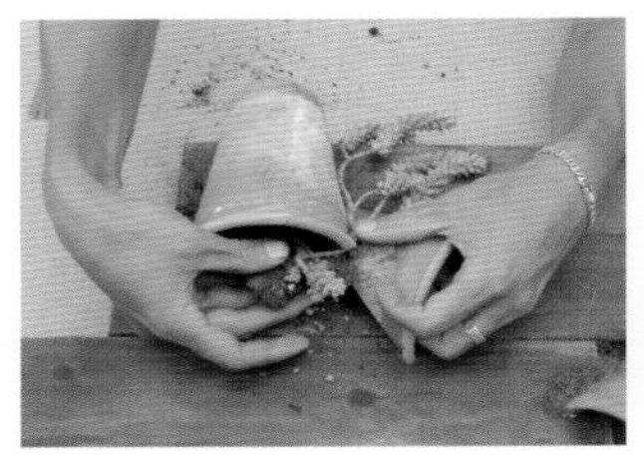

02.
在缺口边缘先将下垂的新玉缀植入，建议新玉缀选择较老的植株，垂坠性较佳。

03.
当无土团，植物会晃动时，可先以 U 形铁丝（20 号）作假固定。

04.
再把高一些的姬秋丽植入作假固定。当植物附近没有土团时，假固定的步骤就显得很重要。

05.
填入一些介质，并把介质往植物的部分轻轻压实。

06.
植入玉蝶，请注意植物的面，因这作品为挂饰，所以应调整为 45° 角。

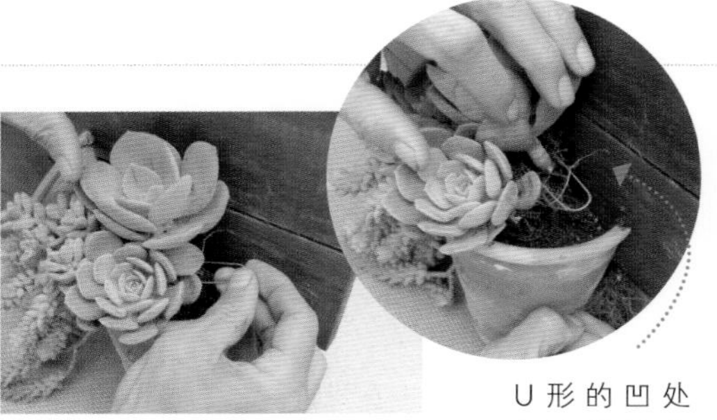

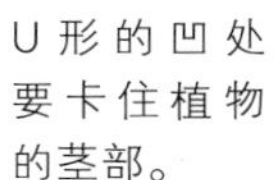

U 形的凹处要卡住植物的茎部。

07.
植入白凤，因其位于后方，所以可直立放置。记得先以 U 形铁丝（20 号）作假固定。

08.
水苔的固定能力较介质佳。加入水苔后，轻轻地往植物方向压实，再以 U 形钉固定，这样固定效果较佳，植物比较不会松动。

09.
把线条较突出的胧月植入，并以铁丝假固定。

10.
植入红日伞，并以U形钉假固定。

11.
再植入胧月及秋丽，以U形钉假固定后，加些水苔压实固定。掌握依高低落差种植的原则，若里面的太低则会被外面的植物挡住而看不到。

12.
取带有土团的黄金万年草植入剩余的空隙，并以铁丝固定，主体部分完成。

13.
上方小盆器的部分一样先从悬垂的新玉缀开始。

14.
取适量的黄金万年草以U形钉固定。

15.
再由下往上依序植入姬胧月，并以U形钉固定。若介质较为松散，可视情况加入水苔做固定。

完成
最后以粗铅线穿过预留的孔洞做挂钩，作品就完成了。

04 薪火相传

火炉与木炭总伴随着团聚与欢笑，
秋冬时如火焰般艳红的火祭，
仿佛烈焰般，闪耀地在木炭间跳动，
就让这炉不灭的火，
将喜悦一直传承下去吧！

材料

植物：

介质材料与工具：
木炭、棉布（无纺布、麻布也可）、
栽培介质、水苔、铁线（18号、20号）。

容器：
火炉。

设计理念

秋冬时节，换装后的火祭，展现出火红姿态，很适合作为火的象征。搭配不死鸟锦的蓝、白与铭月的黄、红，让作品展现出 缤纷热闹的氛围。

维护重点

适合室外全日照的环境，栽培介质完全干燥时再浇水。

04. 薪火相传

做法

01.

取块棉布（无纺布、麻布也可）铺设在火炉底部，以防止介质流失。

02.

将介质填入约八分满后压实。（可先填入发泡炼石，再填入介质）

03.

取一块较大的木炭置于介质上压实，稍微固定。

04.

先取主体最大的火祭，将其种植于木炭边缘。取另一块较小型的木炭用来固定火祭。（亦可先以铁丝作假固定，再放入木炭）

05.

将较高的不死鸟锦种植于木炭与火祭间后，再取较低的不死鸟锦植入，做出层次。

06.

填入些许介质作固定，亦可利用铁丝作假固定，再填入介质。完成后把铭月植入。

07.

取少量斑叶佛甲草种植于不死鸟锦及铭月间，借此衬托出主体。

08.

再植入一颗较矮小的铭月，做出层次后，取一块木炭往主体方向压实。

09.

取少量带土团的斑叶佛甲草种植于火炉与木炭间，以固定住木炭。

10.

把火祭植入，并轻轻把土压实。

11.

填入少许介质后，再加入一小块木炭，让火祭如同火焰般，跳跃在木炭上。

12.

木炭空隙间，先植入些许斑叶佛甲草，再把秋丽填满木炭间的缝隙。

13.

植入火祭后再放置少许木炭。在植物根系还没饱满前，木炭是植物的依靠。

14.

再植入铭月作点缀，然后用木炭固定。

15.

最后，取带土团的斑叶佛甲草填补空隙。制作过程把握一个原则，即以木炭固定植物，植物固定木炭，达到互相牵制的目的。

多肉植物会因季节变化而转换不同颜色。这作品完成时正逢夏季植物颜色偏绿色的时候。当进入秋冬，它的颜色就会偏红，呈现出如火焰在木炭上跳跃的意象。

05 苍劲

随着时光的交织堆叠，

让多肉植物显露出一份苍然的劲道，

展现出强韧的生命力与顽强的坚定力。

材料

植物：

1 树状石莲……………………P147
2 子持莲华……………………P167

介质材料与工具：
漂流木、栽培介质、水苔、铁线（18号、20号）。

容器：
长方木盆（利用几块简单的木板钉成木盆，然后涂上白色水泥漆。）。

设计理念

利用古朴的漂流木与树状石莲作结合，营造出古木参天的美感，再搭配较低矮的子持莲华。虽只有简单的两种景天植物，却也能展现出苍劲的味道。

维护重點

适合室外全日照环境，介质干了再浇水。

05. 苍劲

做法

01.

先将介质填至八分满左右，若要排水良好，可先填入三分满的发泡炼石。

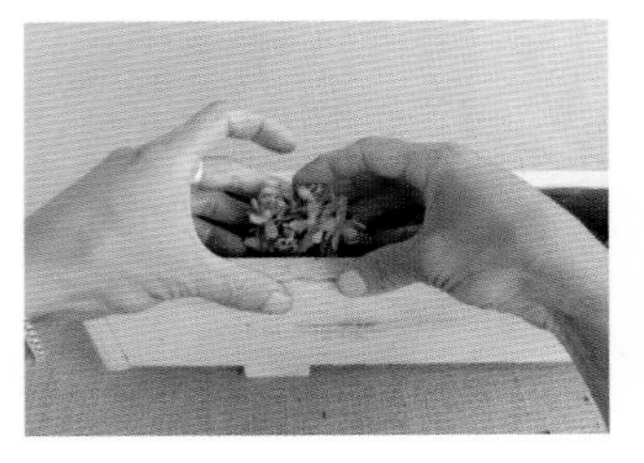

02.

取适量带土团的子持莲华，种植于盆器的 1/3 处。

03.

将漂流木以横置方式摆放在子持莲华后方靠近木盆边缘，较厚实的那一端朝向盆器中央。

04.

先取较低矮的树状石莲靠着漂流木，呈现出群落的样子。然后以铁丝假固定，周围再加些介质或水苔。

05.

将较老且有茎的树状石莲植入，以横向顺着漂流木方向往左延伸放置。因植株上半部重量较重，所以需用铁丝作假固定。

06.

置入直立漂流木，与主体做呼应。

07.

因直立的漂流木较难固定，建议先埋入介质中，再以较粗的铁丝把漂流木固定。

08.

于作品右方植入另一棵较小的树状石莲，调整植物方向，并压实介质，固定好植物。

09.

最后加入整片的子持莲华，往中央主体压实固定好，再把空隙处填入介质至九分满。

10.

漂流木后的空隙部分，可先在表面铺上一层水苔，并确实压紧以固定植物。

11.

最后，在水苔表面铺满小石子，并调整植物角度。若植株斜度不够，可用 U 形铁丝把植株拉低固定。

老植株会依环境光线而展现出不同姿态，依其形态加入不同元素，就能改变其杂乱的样子，成就另一番风情。

完成

06 砖瓦情

仿效大地之母的巧手，

让这残砖破瓦，再生新意。

一砖一瓦，为都市丛林增添一份质朴之美。

材料

植物：

1 花筏…………………………P155
2 雀丽…………………………P176
3 昭和…………………………P167

介质材料与工具：
小砖块、栽培介质、水苔、铁丝（18号、20号）。

容器：
瓦片、素烧盆。

设计理念

家里若有破损的素烧盆或瓦片，千万别急着丢掉喔！运用些巧思，将其重新组合粘贴后，一个别具风格的盆器就完成了。本作品让花筏如同从瓦缝中蹦出来似的，展现着自己的美丽，搭配上昭和、雀丽的衬托，更显得耀眼，再展现出强健的生命力。

维护重点

作品完成后，适合放置在室外有全日照的环境，栽培介质干燥后再浇水。

06. 砖瓦情

做法

01.
先将素烧盆与瓦片用 AB 胶依喜爱的形式黏着固定，然后在缺角处植入带土团的雀丽。

02.
将主体花筏种植在雀丽上方，然后以铁丝作假固定，再加入栽培介质、水苔固定。

03.
从右上方开始加入昭和，并用铁丝假固定，植入时往左方压实以便固定之前的花筏。

04.
剩余空间以带土团的雀丽补满，记得往盆中压实以固定。补植时可用铁丝固定，此时植物若无根，在茎部碰到介质时，秋冬季节很快就会发根。

05.
下缘的部分，先补一小丛雀丽，再把整个带土团的雀丽植入。

06.
在角落植入一小丛群生的昭和。

07.
把昭和捏成长条形，植入素烧盆与瓦片的缝隙中。

08.
瓦片下方空白处，补上较小株的雀丽，收尾时以铁丝由左向右一个盖一个，便能把铁丝隐藏起来。

依序把植株固定，并掩盖铁丝所留下的痕迹。

09.
素烧盆的缝隙处，由上而下以雀丽补满。

10.
最后，把砖块后的缝隙做收尾，利用雀丽掩盖介质，以铁丝固定。

完成

想必很多人都看过宫崎骏的魔法公主，大自然是开花婆婆，废弃的地方一但归还大地，大自然便会以自己的方式重新去接收。这作品只是模仿自然接收的方式，以较简易的手法去呈现。盆器无所不在，就看您用哪个角度去解读盆器了。

07 欢乐涂鸦板

犹记得年少时在黑板前涂鸦，

尽情挥洒的欢乐时光。借由涂鸦板，

我们记忆了当下的愉悦与美好。

材料

植物：

1 膨珊瑚……………………P186
2 东美人锦……………………P168
3 铭月……………………P173
4 爱之蔓……………………P185
5 珍珠万年草……………………P174
6 龙血景天……………………P176

介质材料与工具：
栽培介质、水苔、驯鹿水苔、铁丝（20号、18号）。

容器：
准备三块长木板及三个马口铁罐，先将木板用两根木条做横向连接，接着在马口铁罐底部打洞，用螺丝锁在木板上。将木板涂上黑板漆即完成。

设计理念

利用生活周围随手可得的马口铁罐及废弃旧木板，重新组合后，加入线条简单大方的膨珊瑚，为作品整体视觉效果增添了律动感。搭配上具有迷人色彩的东美人锦，活泼性十足的涂鸦板就完成啰！

维护重点

适合室外全日照的环境，栽培介质干了再浇水。

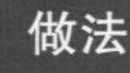

07. 欢乐涂鸦板

做法

01.
先将栽培介质填至八分满左右，若要排水良好，可先填入发泡炼石至三分满，再填入介质至八分满。

02.
依高矮层次，在右手边的马口铁罐中植入膨珊瑚。

03.
在前方空位处，植入东美人锦。种植时记得将介质压实，并略微调整植物的面向，使植物正面朝前。

04.
将植物空隙处填满栽培介质或水苔以固定植物。（水苔会比介质容易补入小空隙）

05.
用驯鹿水苔做修饰，盖住水苔或介质，亦可用小石头或较美观的自然装饰物做修饰。

06.
在中间的马口铁罐填入介质后，于后方种植铭月，选择植物时要挑选较不易长高或耐剪的，以免挡住书写区。

07.
前方以具下垂性的爱之蔓补满空隙。下垂的线条可增加作品的动线，让视线随之往下延伸。

爱之蔓的根部有一个小球称“零余子”，您可利用U形铁丝卡住零余子的方式固定。

08.
以水苔或介质填满空隙、压实，再以驯鹿水苔修饰，盖住水苔或介质。

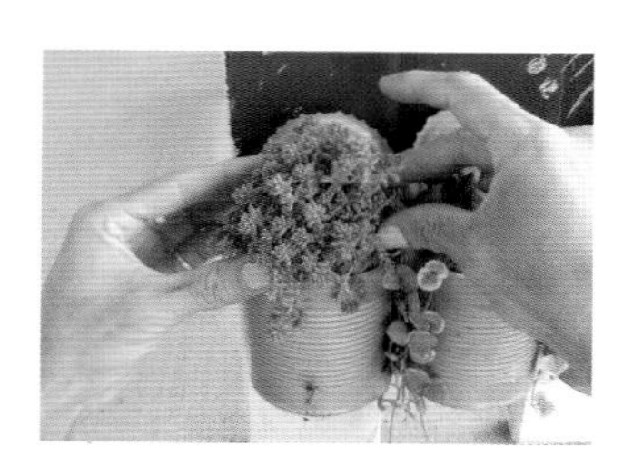

09.
先将介质填进左方的马口铁罐，接着取一大把带土团的珍珠万年草种植于前方。

10.
后方约 1/3 空隙处以枝条状的龙血景天补满。

11.
左方再补上爱之蔓以增加垂坠感。

运用生活周围回收的马口铁罐，自己动手轻松制作，一个实用的留言板兼多肉盆栽便完成了。

08 原始

仿原生地的种植，

错落在咕咾石间，

生长于石缝处，

展现出顽强的生命力与坚毅。

材料

植物：

1 珍珠万年草……………………P174
2 魔海………………………………P165
3 深莲………………………………P167
4 白闪冠……………………………P149
5 高砂之翁…………………………P152
6 锦晃星……………………………P149
7 女王花笠…………………………P152
8 花叶圆贝草………………………P164
9 琴爪菊……………………………P182
10 黄金万年草……………………P174

介质材料与工具：
咕咾石、发泡炼石、栽培介质、水苔、铁丝（20号、18号）。

容器：厚实的水泥长方槽。

设计理念

利用形态近似的高砂之翁与女王花笠，组成耀眼的主角，错落有致地散布在石缝间。通过珍珠万年草等配角的衬托，显现出霸气却又和谐的画面。

维护重点

适合室外全日照的环境，因盆器无排水孔，虽设计有积水层，但浇水时还是要小心，且尽量避免淋雨，以免积水过多。

08. 原始

做法

01.

因水泥长方槽没有排水孔，所以要先做积水层，以发泡炼石铺底。

02.

也可利用石头等较大介质铺底（约 1/3 高度），此积水层是让多余的水分积在下方，不会与介质直接接触。

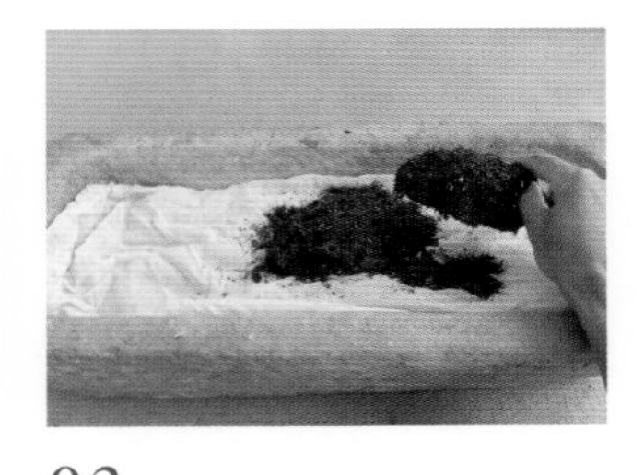

03.

铺上无纺布（麻布、棉布亦可），让介质与发泡炼石分开后，再铺上栽培介质。建议可先测量约多少水会淹过发泡炼石，之后浇水水量就以此为准则。

04.

将珍珠万年草植于左前方角落，再取一两块咕咾石置于珍珠万年草后方，并向前往盆缘压实。

05.

将白闪冠种植于珍珠万年草后方，莲座要比珍珠万年草高度高一些，以让白闪冠如同浮在石头上。

06.

后方再植入较高的锦晃星，高度要比白闪冠高些，如无土团，先以铁丝假固定。

07.

完成后在其后方用一颗比前方体积还要大的咕咾石来固定锦晃星。再取较大块的石头置于右方制造石缝，以便植入植物。

08.

将主体高砂之翁种植于石缝间，并利用两块石头把高砂之翁牢牢固定好。

09.

在主体前方种植花叶圆贝草后利用铁丝假固定，再于前方植入较小的女王花笠。

10.
将深莲植入女王花笠与石头间的缝隙，先行假固定后再加介质压实。深莲延伸出来的线条会让整体视觉不死板。

11.
在左侧有空隙的地方加入琴爪菊与花叶圆贝草，增加视觉上的变化。

12.
用黄金万年草收尾，并将栽培介质压实。

13.
锦晃星旁的空隙较大，可再植入一株女王花笠。

14.
石缝间的空隙先用细长的琴爪菊做装饰，接着置入外形较大的魔海，切记其高度要比主体高砂之翁低。

15.
在介质表面铺上小石头，若怕石头与介质混在一起，可先铺一层水苔。

16.
最后，以较细的贝壳砂铺面，可加入贝壳做装饰。

完成

用点巧思便能营造出如同原生环境般的缩小世界，加入咕咾石、贝壳，营造出海洋风格。您不妨也赶紧动手创造个原始小世界吧！

09 留住灿烂
筛砂器具想必你我都不陌生，
过滤掉不要的，留下喜爱的，
就让我们一同来筛掉那灰暗，
留下一世的灿烂吧！

材料

植物：

1 白牡丹……………………P160
2 黄金万年草………………P174
3 姬胧月……………………P162
4 碧铃………………………P180
5 大银明色…………………P154
6 虹之玉……………………P171

介质材料与工具：
水苔、铁丝（20号、24号）。

容器：
缩小版的筛砂器利用简单的四根木条，加上铁网就可完成。把一大一小绑在一起，就成了盆器。

设计理念

白色的白牡丹搭配红黑色的大银明色，形成强烈对比色，彼此相互衬托，姬胧月的红，让颜色的层次更丰富。通过碧铃的视觉引导，让大小主题有了连接。

维护重点

适合放置在室外全日照的墙面，因介质是水苔，浇水方式可一次浇到湿透，或多次喷湿表面（只让表面潮湿而不是介质全湿）。

09. 留住灿烂

做法

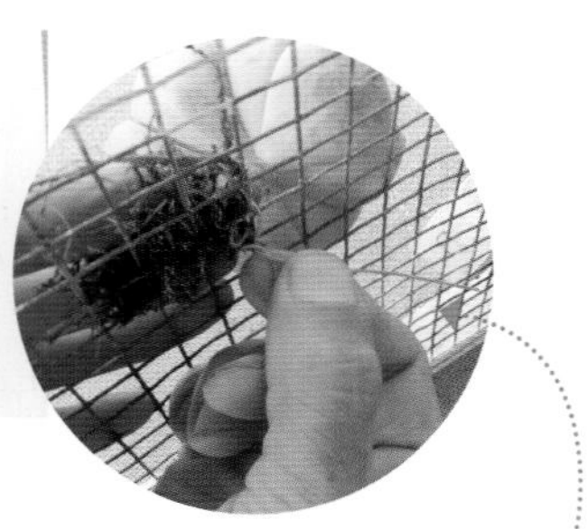

01.

先将主体白牡丹去除土团，整理不要的下叶，以让茎部明显。接着取较细的铁丝（24号）把白牡丹绑在铁网上。

若一根铁丝无法固定牢靠，可加第二根铁丝，务必把植物固定。

02.

将铁网平铺桌面，在植物茎部周围加少许水苔，压实后用U形钉把水苔固定。

03.

取少量黄金万年草，以U形钉固定后再补少量水苔。水苔不需多，但要压紧实。

04.

取另一棵白牡丹，去除土团后以20号U形钉用环抱方式先行假固定，再补些许水苔压实固定。

05.

将虹之玉植入后加些水苔固定。水苔的量不用多，否则苔球就会变得没那么平贴，但要压实。

06.

完成后上方以较老植株的姬胧月拉出线条，让作品更活泼。

07.

将黄金万年草抓成小束做点缀。

08.

补上姬胧月，让它往左延伸，营造出简洁的动线。左下角填满黄金万年草。

09.

植入第三棵白牡丹，若发现做好的主体苔球会松动，可用铁丝再把这棵白牡丹绑在铁网上，以求与盆器更牢靠。

10.

加入具悬垂性的碧铃。匍匐性的植物可从侧边固定，茎碰到介质，根就会往里头长。

11.

配上抢眼的大银明色，再以黄金万年草收边。

12.

小型网的部分以姬胧月为主体，固定好后补一小团黄金万年草做点缀。

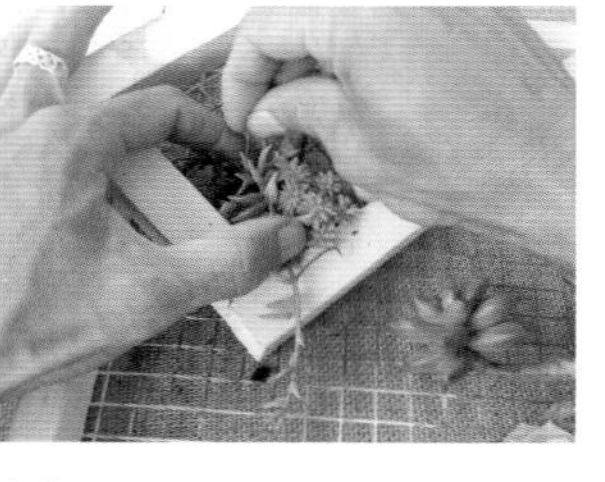

13.

加入碧铃营造垂坠感，再以黄金万年草收尾。

完成

虽说是利用简单的东西，但成品做出来的效果往往会出人意料，让人眼睛为之一亮。

10 海的味道

看着充满海洋风情的贝壳，

让人仿佛置身在沙滩上，

迎着淡淡咸味的海风，

感受着炎热的夏天。

材料

植物：

1 秋丽……………………………P162
2 姬秋丽…………………………P159
3 迷你莲…………………………P154

介质材料与工具：
栽培介质、水苔、
驯鹿水苔、贝壳砂
铁线（20号、18号）。

容器：
砗磲贝、扇贝。
有点深度可当盆器的贝壳皆可。

设计理念

利用同色系的秋丽与姬秋丽，搭配形态小巧精致的迷你莲，整体上展现出多层次的协调之美。

维护重点

适合置于室外全日照环境，由于盆器没有排水孔，浇水须小心，勿过量。

做法

01.
先将迷你莲依贝壳的斜度，种植于小扇贝内。

02.
完成后在表面铺上细贝壳砂。

03.
于贝壳上方植入姬秋丽，尽量选取较高大的植株，让其部分露出盆外。

10. 海的味道

04.
在大盆器中间区块先行植入秋丽，若不好固定可用铁丝假固定。

05.
将两个做好的小贝壳顺着大贝壳斜度，一高一低置入。

06.
定位后，先以铁丝把秋丽固定好，再以较小株的秋丽将空位植满。

07.
缝隙补上水苔压实，防止栽培介质滑落，并以铁丝固定水苔。

08.
最后，再以驯鹿水苔修饰，营造出海草环绕的氛围。

为防止小贝壳移动，可将铁丝折成拐杖形状，将较长的那端插进下方的介质里，短的那头则卡住贝壳边缘，防止贝壳下滑。

09.
上方若看得到栽培介质，可利用贝壳砂盖住修饰。

10.
若有空间，可再置入小贝壳装饰之。

完成

利用简单的手法，一个充满海洋风情的作品就完成了。

11 变换

易于塑形的铅板，

带着金属材质特有的刚毅感，

您可随着心情，不用太过拘泥，

随意地设计出您心中想要呈现的氛围。

材料

植物：

1 久米里……………………… P148
2 黄丽………………………… P172
3 金色光辉…………………… P147
4 黄金万年草………………… P174

介质材料与工具：
栽培介质、
水苔、发泡炼石、
铁丝（20号、18号）

容器：
铅板（或易弯折的铁片）

设计理念

利用一块毫不起眼的铅板或是将要丢弃的铁片，随意折叠出带有凹槽的形状。将同为黄色系的黄丽、金色光辉，搭配亮绿色的久米里与其结合。作品协调中带点突出，也让冷色调的金属多一份温暖的味道。

维护重点

适合室外全日照环境，栽培介质干了再浇水。因金属会吸热，导致水分蒸散速度较快，应注意及时浇水。

做法

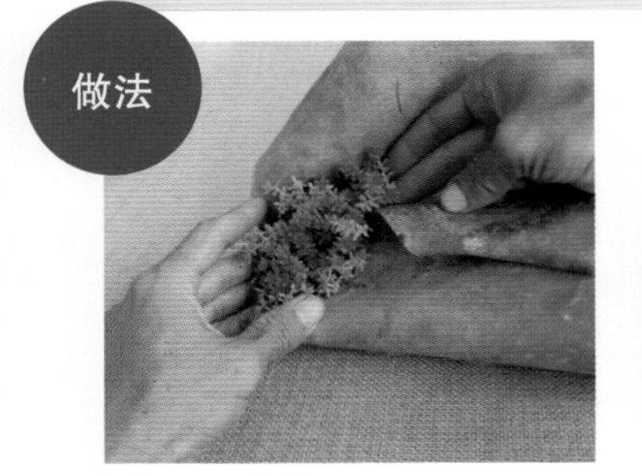

01.
先在铅板左侧角落将带土球的黄金万年草以45°角植入，此举具有挡住缺口、作为介质使用的作用。

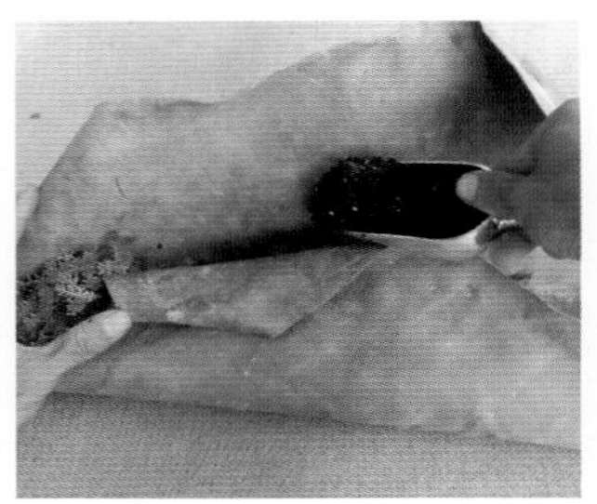

02.
加入发泡炼石以增加排水性，再加入栽培介质。

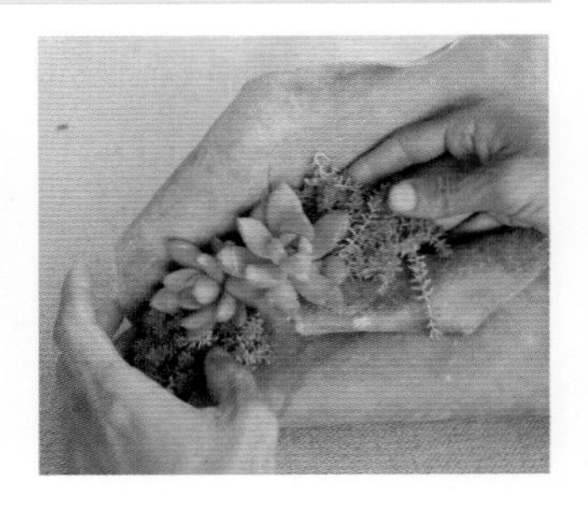

03.
将黄丽由小到大依序植入，注意要把植物最漂亮的面朝向自己，最后再取一小团黄金万年草植入黄丽旁。

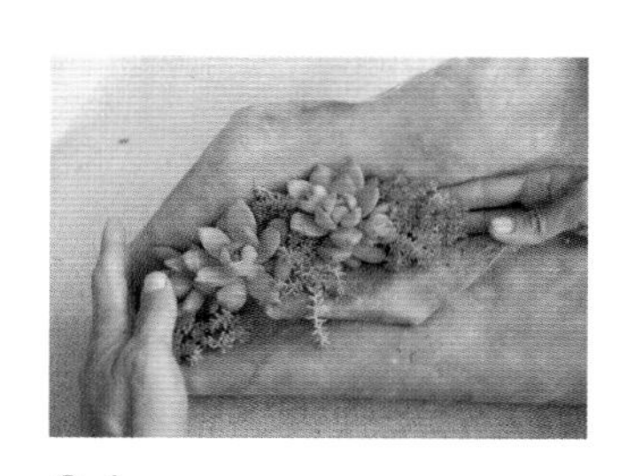

04.

把最大株的黄丽植入，让视线往中间的焦点区放大。再取黄金万年草植入点缀，并将介质往左轻轻压实。

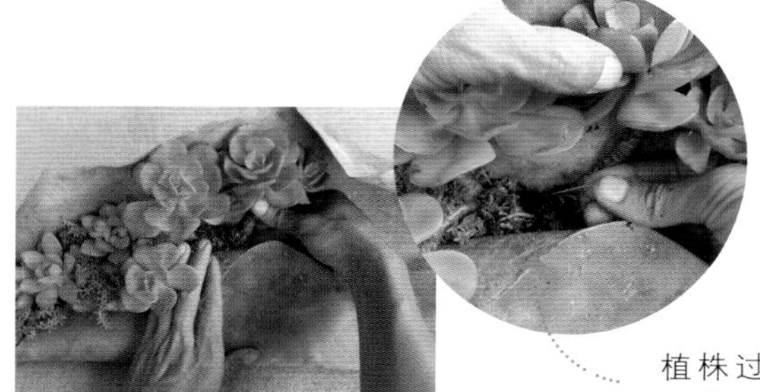

05.

取久米里调整出高低层次后植入。记得要顺着铅板的形状，沿着弧度往右下方种植。

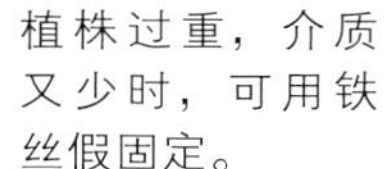

植株过重，介质又少时，可用铁丝假固定。

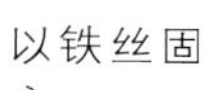

以铁丝固定。

06.

以金色光辉填满前方的空白处，再以黄金万年草点缀。

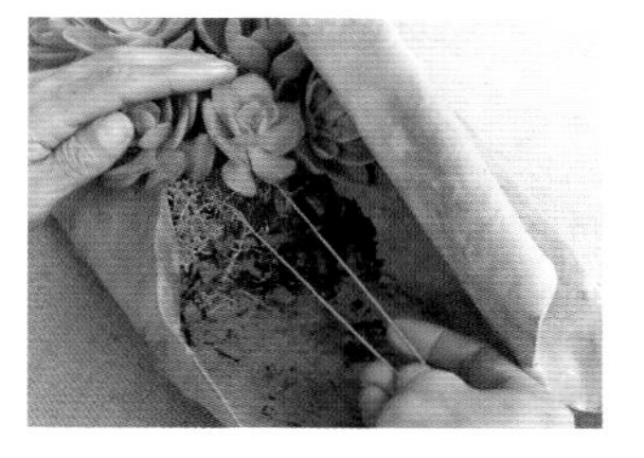

07.

补上较小株的久米里营造颜色变化的感觉，可用一根较长的18号铁丝穿入，以固定介质。

08.

在下方植入金色光辉做收尾，记得要沿着上一棵的弧度下来。

09.

内角补上黄金万年草，前方空位处以黄丽填满后，再以铁丝固定，把介质压实。

10.

以带土团的黄金万年草收尾，再加铁丝固定。

完成

一般长形盆器会把焦点放在正中央，以至于显得很死板，但通过植株大小作视觉引导，整体就会显得自然又协调。

12 午后悠闲

一张椅子，一本书，一杯茶，

悠闲的午后时光，在花园里恣意漫步，和花草对话，

独自徜徉在一个人的小天地，多么轻松自在。

材料

植物：

1 台湾景天……………………P175
2 祇园之舞……………………P147
3 雀丽…………………………P176
4 樱吹雪………………………P182
5 妮可莎娜……………………P150
6 子持莲华……………………P167
7 粉红佳人……………………P160
8 小圆刀………………………P144

介质材料与工具：

水苔、铁丝（18号、20号、24号）。

容器：

小铁椅。

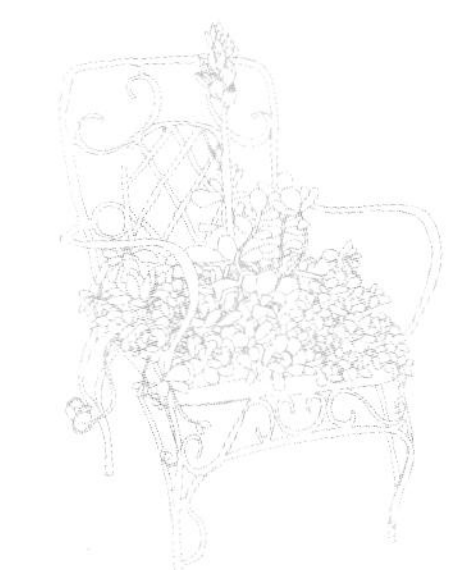

设计理念

作品不大，所以考验的是细致度。以小型的子持莲华、樱吹雪、雀丽、台湾景天等多肉植物，来营造出椅子坐垫的柔软度；利用中型大小的粉红佳人、祇园之舞、妮可莎娜等植株作为主体，搭配小圆刀以增加醒目的动态感。

维护重点

适合室外全日照环境，栽培介质以水苔为主，因此浇水别过度潮湿。

12. 午后悠闲

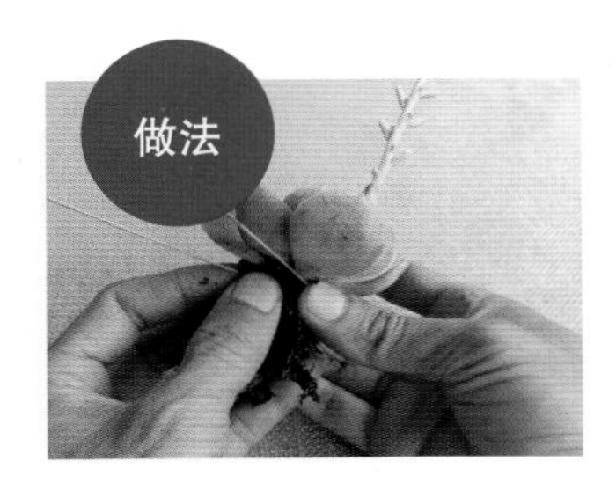

01.
先用24号铁丝绑住祇园之舞的茎部。

02.
再把连接好的祇园之舞绑在小椅子上，固定牢靠。

03.
将植物的面调整好后，在底部补上水苔，并以U形钉固定牢靠。

04.
在左方植入台湾景天，先假固定，再以水苔固定好。

05.
在台湾景天前方种植樱吹雪，种植时要一面把水苔压实。

假固定后加水苔压实，然后以U形钉固定。

06.
在祇园之舞后方植入妮可莎娜。

07.
取一段小圆刀种植于祇园之舞与妮可莎娜的空隙中，再把雀丽补上收尾。

加水苔压实。

08.
种上妮可莎娜，加水苔后压实，再以铁丝固定。

09.
转正面后，将粉红佳人植入，用一根较长的铁丝从主体穿过固定，铁丝长度以穿过不露出为原则。

10.
左方以子持莲华收边，并以U形钉固定。

11.
右前方以雀丽往前收边，并以水苔压实、固定。

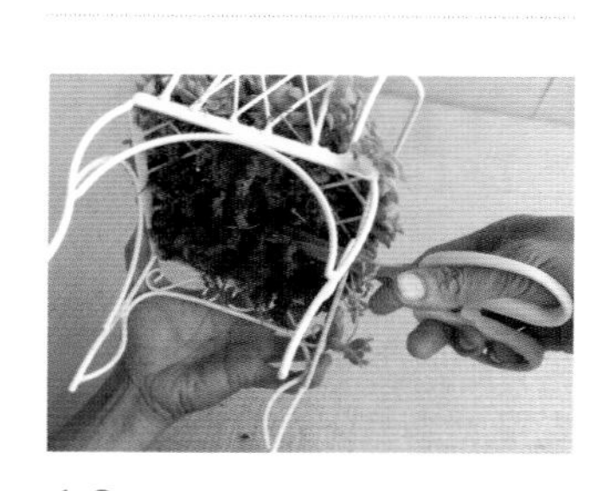

12.
翻到下方，用剪刀把参差不齐的水苔修饰平整。

柔软的多肉坐垫就完成了。植株越小所做出的效果会愈细致，但相对的也较费工，需要多点耐性喔！

13 笼

关的是想逃的一颗心，
抑或是一份安逸的心情。
穿过笼间的缝隙逃脱般地延伸，
坚定直立地站好岗位，
挑战与安逸总站在对等面，
等着你的抉择。

材料

植物：

1 姬仙女之舞……………P166
2 千里月…………………P180
3 紫式部…………………P165
4 大银明色………………P154
5 斑叶佛甲草……………P175
6 夕波……………………P181
7 春萌……………………P173

介质材料与工具：

水苔、栽培介质、铁丝（20号、18号）。

容器：

笼子（挑选笼子的门越大，操作时会越方便）。

设计理念

姬仙女之舞的婷婷直立刚好占据了笼里的空间，使得整个笼子不会显得空洞。下垂的千里月给笼子增加了动感而不死板。

维护重点

适合室外全日照环境，以吊挂或直接摆设在生活空间一隅都可以，吊挂时注意通风以及浇水次数。

13. 笼

做法

01.

由笼子最内侧开始，先取最细的斑叶佛甲草，连着土团直接种植于笼子的边缘，旁边再加上千里月。

02.

往笼子内侧的方向植入紫式部。

先用铁丝假固定，再补上水苔压实。

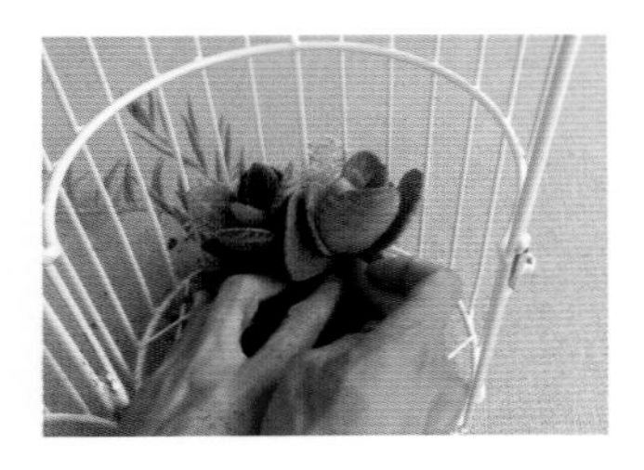

03.

补上一棵紫式部，让此区块的形态、颜色更饱满。

04.

紫式部后方的空隙以斑叶佛甲草补满，并加水苔压实固定。

05.

两棵紫式部的空隙间，以直立式的夕波填满缝隙，此举可让线条往上延伸。

06.

右侧植入春萌，假固定后再加水苔，压紧后固定。

07.

植入大银明色，让作品的颜色与形态跳脱出来。接着选取千里月从笼内向外延伸，先行假固定，再加水苔压实。

08.

下方以斑叶佛甲草补满空隙，完成后加水苔压实固定好。

09.

最重要的主体部分，请挑选约占笼子 2/3 高度的植株，让笼子有饱满的感觉却又不会有压迫感。把带土团的姬仙女之舞种植于笼中，视介质的高度调整土团大小，可用较粗的铁线与做好的前半部作固定。

10.

以较高、形态具有线条的春萌从笼内往外延伸。

先假固定，再以铁丝跟姬仙女之舞连接，固定在土团上，左侧植入较小型的姬仙女之舞。

11.

右下方再以斑叶佛甲草补满，让佛甲草整个盖住土团。两株春萌的缝隙间，以夕波填补空隙。

12.

再转到左侧，在姬仙女之舞下方同样以斑叶佛甲草盖住土团。

13.

补上水苔，确实往里面压实，再以铁丝固定好。接着植入另一棵更小的姬仙女之舞，让上中下产生共同的关联性。

14.

以细碎的斑叶佛甲草把土团确实盖住。

15.

植入大银明色，先假固定，再加入水苔并压实。

16.
把较长的千里月由内往外作延伸，下方再植入斑叶佛甲草。

17.
以斑叶佛甲草收尾，最后再把较小的大银明色植入，即完成了。

完成

具有较为粗犷形象的姬仙女之舞与千里月，通过不同植株大小作视觉上的引导，让整体作品产生连贯性与一致性。

14 丰盛

多层次的色彩设计，
大小品系错落有致，
搭配带有欧洲风格的盆器，
一场丰盛的飨宴，正式展开。

材料

植物：

1 高加索景天……………………P176
2 斑叶婴儿景天………………P175
3 黛比……………………………P160
4 虹之玉锦………………………P172
5 虹之玉…………………………P171
6 蔓莲……………………………P159
7 姬胧月…………………………P162
8 乙女心…………………………P171

介质材料与工具：

水苔、栽培介质、铁丝（20号、18号、24号）。

容器：

较浅的盆器。

设计理念

以外形抢眼的黛比为主要焦点，搭配上蔓莲、虹之玉、斑叶婴儿景天，展现出多种颜色层次，营造出缤纷热闹的氛围。

维护重点

适合室外全日照环境，由于盆器的排水孔较小，介质少，请拿捏浇水次数及分量。

14. 丰盛

做法

上方留一段U形铁丝在盆上，不要完全插入排水孔中。完成后把铁丝往外稍微扳开。

01.
为防止种植妥当的植物移动，建议先将两根较长的18号铁丝对折后穿入中间的排水孔。

02.
将带有些许土团的主角黛比放置于两根铁丝之间，把铁丝往土团夹紧，再以24号铁丝将黛比与铁丝绑牢，确保主体固定不动。

03.
再取一棵黛比种在旁边，先假固定，再用栽培介质填补两植株间的空隙，并稍微压实。

04.
取一小段斑叶婴儿景天种植于两主体间，外围再取一小撮高加索景天填补植物与盆间的空隙，最后加入介质压实固定。

补上栽培介质，再加一些水苔，压实固定。

05.
取虹之玉、虹之玉锦植入两株主体间，以增加色彩的丰富度。

06.
加些栽培介质，稍微做出一点高度，以让植物呈现出弧度。

07.
植入姬胧月，先把栽培介质压实，再补水苔，接着以铁丝固定。

08.
植入斑叶婴儿景天，通过对比色可相互突显邻近植物。

09.
将与姬胧月同色系的乙女心植入，视觉上形成往右延伸的红色区块，最后再补上虹之玉来突显乙女心。

10.
转到右上方植入第三棵主体（黛比），并以铁丝假固定。

11.
周围先植上一圈斑叶婴儿景天，接着取一根较长的铁丝折成U形，由外往中间主体固定。

12.
作品完成一半时，取一根较长的U形钉由中间的主体往外作固定。可补1~3根往不同方向固定。

13.
将姬胧月植入，先假固定。接着在盆缘缝隙处植入形态较小的蔓莲。

14.
将斑叶婴儿景天、虹之玉与虹之玉锦植入，并压实固定好。

15.
最后，以大片的蔓莲收尾，重复基本的压实固定动作。

16.
部分小空隙可植入虹之玉作点缀，视觉上呈现出多种层次的绿。

17.
宛若丰盛的水果拼盘，营造出缤纷的视觉享受。

15 心花朵朵

简单的心形藤圈，

从中跃出朵朵绿意，

运用点巧思，

就能让作品呈现不同的心情风景。

材料

植物：

1 红相生莲……………………P153

2 雀丽…………………………P176

3 爱之蔓锦……………………P185

4 爱之蔓………………………P185

介质材料与工具：

水苔、铁丝（18号、20号、24号）。

容器：

心形藤圈。

设计理念

选择一大一小的红相生莲作为主体，配合心形叶片的爱之蔓锦，以绿色的雀丽作衬底，让人一眼就能明了作品所要呈现的意象。

看着它，您的心花是否也朵朵怒放了呢？

维护重点

适合室外全日照的墙面，由于介质少，需注意浇水次数。水苔干了再浇，或是喷湿水苔表面数次。

15.心花朵朵

做法

01.
先在藤圈中心下方铺上一层薄薄的水苔。

02.
将爱之蔓锦，连同零余子铺在水苔上。

03.
依序补上具垂坠效果的爱之蔓锦与爱之蔓。

取较细的24号铁丝将红相生莲固定在藤圈上。

04.
取株外形较小的红相生莲种植于爱之蔓上方。

先假固定，再以水苔压实固定。

05.
下方缝隙处以雀丽补满。

06.
将较大朵的红相生莲植入右方的空缺位置。

以24号铁丝将茎底部的土团绑在藤圈上，若一根无法固定，可多绑几根。

07.
将前方红相生莲与藤间的缝隙以雀丽补满。

若缝隙间没有介质，可作假固定，另一方面，利用水苔等将缝隙填满。

土壤介质外漏的部分，以水苔覆盖、利用铁丝固定，以免介质流失。

08.
由于此作品是挂饰，吊挂起来后方会被挡住，所以可只补水苔，以免浇水时介质流失，也可补些雀丽，同样具有相同效果。

完成

虽只有简单的几种植物，但这作品所要呈现的氛围完全到位，确实能让人心花朵朵开喔！

09.
最后，调整一下爱之蔓的方向，若不想仅是呈现出垂坠感，您也可作出向上攀爬的效果。

10.
只要将爱之蔓拉到所要位置，再以铁丝固定茎部即可。

16 枯木逢春

废弃的木头，虽有些微虫蛀痕迹，

但形成了独特的自然纹路及质感。

随手拿来重新作个组合，就成了与众不同的盆器，

也让老木头重获新生。

材料

植物：

1 绿霓……………………………P151
2 花月锦…………………………P145
3 秋丽……………………………P162
4 花簪……………………………P143
5 蝴蝶之舞锦……………………P164
6 蕾丝姑娘………………………P164

介质材料与工具：
发泡炼石、栽培介质、水苔、铁丝（18号、20号）。

容器：
废弃枯木。

设计理念

外形大器的绿霓，搭配重获新生的旧木料，充分展现出蓬勃的生命力。在作品一隅，巧妙安排生命力强的蕾丝姑娘，呼应了枯木逢春的主题。

维护重点

适合室外全日照环境，由于介质较少，所以可经常浇水。

16. 枯木逢春

做法

01.
先把发泡炼石填入树洞中，约至八分满。

02.
将三棵绿霓的土团稍微剥除掉一些，压成可种入树洞的大小，种入树洞，再加些栽培介质压实。上半部便完成了。

03.
下方右侧部分，先把较高的花月锦种植于预留的空间内。

04.
前方与木头的空隙间，植入秋丽，左侧种植上蝴蝶之舞锦、蕾丝姑娘及花簪。

05.
右方植入花簪。

以假固定方式固定住。

06.
由上往下把空缺处补满花簪。

07.
作品左侧部分，先在靠近主体的缝隙种植蕾丝姑娘。

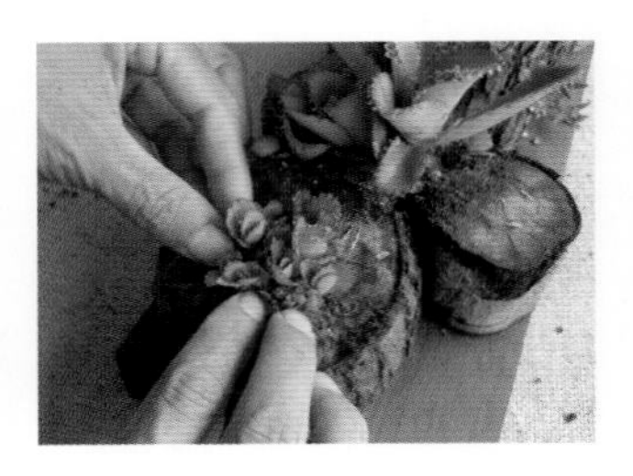

08.
再于左方树洞中种上较小株的蕾丝姑娘，营造出不定芽掉下后长成的样子。

09.

前方细缝处，同样取蕾丝姑娘的小苗以铁丝稍微固定。由于木头会吸水，所以即便没有介质也不用担心。况且蕾丝姑娘具超强生命力，没有介质反而限制其生长，不会长得过大。

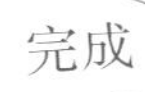

原本了无生意的枯木，通过与多肉植物的结合，顿时改头换面，成为一个生机盎然的作品，枯与荣相互辉映。

17 跳脱

换个方式，跳脱既定思维，

谁说植物一定要种植在盆器里。

依据不同盆器特色来与植物作结合，

将展现出令人出乎意料的惊喜。

材料

植物：

1 大银明色……………………P154
2 卧地延命草…………………P183
3 昭和…………………………P167
4 秋丽…………………………P162
5 姬胧月………………………P162

介质材料与工具：

水苔、铁丝（18号、20号、24号）。

容器：

造型盆器。

设计理念

大银明色黑红带点银色的独特颜色，与灰色盆器形成强烈反差。经过巧妙的安排后，原本素雅的盆器瞬间成了目光焦点。

维护重点

适合室外全日照环境，由于介质少，因此浇水次数可增加。

17. 跳脱

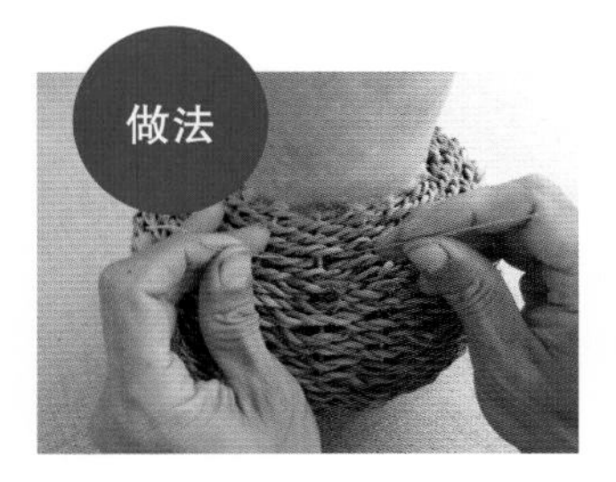

01.
取 24 号铁丝穿过盆器下方的籐编处空隙，将两端拉出备用。

02.
将最大的主体大银明色去除土团后，利用刚才穿好的铁丝绑牢。

03.
下方茎的部位可加些水苔，压实后以铁丝把水苔固定住。

04.
在大银明色右侧植入一些卧地延命草，记得要将主体的面向外顶出来，才不会太过紧贴盆器，造成压迫。

05.
在大银明色左侧植入些许昭和收尾。记得先假固定，然后再加水苔并压实。

06.
在主体右上方植入第二株大银明色，切记要让它的面稍微朝上，下方再补上卧地延命草，以铁丝固定住。

07.
在两株主角中间，植入秋丽以衬托出主角的颜色。

08.
以铁丝先假固定，然后再加水苔压实固定。

09.
再植入一些卧地延命草，并作好固定。

10.
取植株较老的姬胧月，先假固定。

11.
为了增加视觉上的层次感，再取另一棵较小型的植株植入，整体看起来丰富度也较足够。

12.
下方以昭和做收尾，由于植株较纤细，因此取用较细的铁丝即可。

13.
虽然一棵棵细小的植株固定起来颇费工夫，但固定的工作越细，相对地作品的细致度也会提升。

15.
下方再以卧地延命草将露出来的介质覆盖住收尾。

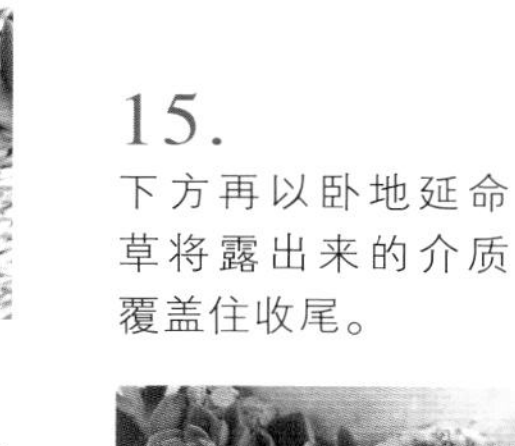

14.
两株姬胧月间植入一棵较大的昭和，此安排可让姬胧月的红更加显眼。

完成

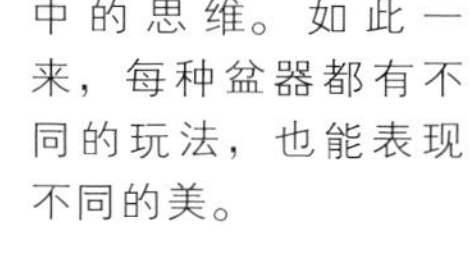

通过反向思考，跳脱只能把植物种进盆器中的思维。如此一来，每种盆器都有不同的玩法，也能表现不同的美。

18 方寸之间

冬季暖阳下，手拿剪刀在花圃进行园艺工作，

不知不觉间，篮子里就装满了各色的多肉宝石，

随意地将它们栽植在马口铁盆里，

虽简单，但别具变化与趣味性。

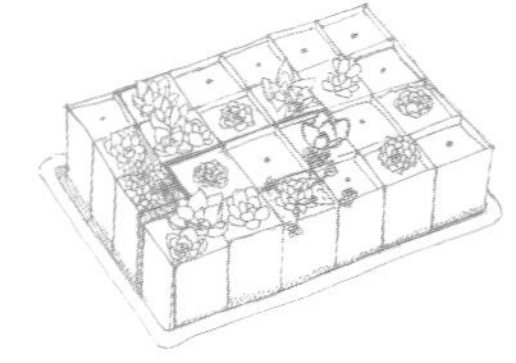

材料

植物：

1 黑王子…………………………P154
2 大银明色…………………………P154
3 千代田之松变种…………………………P169
4 星影…………………………P150
5 女雏…………………………P150
6 蓝石莲…………………………P146
7 春萌…………………………P173
8 黛比…………………………P160
9 白牡丹…………………………P160
10 桃之娇…………………………P148
11 加州夕阳…………………………P162
12 蔓莲…………………………P159
13 妮可莎娜…………………………P150
14 野兔耳…………………………P165
15 火祭…………………………P143
16 玉蝶…………………………P146
17 天使之泪…………………………P171
18 祇园之舞…………………………P147

介质材料与工具：
发泡炼石、栽培介质、各式石头、少许驯鹿水苔。

容器：
马口铁盆器。

设计理念

利用一个个小方马口铁盆，不必刻意安排，随兴地将多肉品系收集于方寸之间。您可随着心情转换，变化方格间的排列组合，创造不同惊喜。

维护重点

有根的植株适合室外全日照环境，由于马口铁的盆器水分蒸散快，所以需注意浇水次数。扦插的芽适合放置于明亮处，待发根后再慢慢移至全日照环境中。

18. 方寸之间

01.

因马口铁的排水孔较小，所以先以发泡炼石铺底，约至 1/3 高。

02.

再加入栽培介质，介质可依个人的管理方式作调配。

03.

加至约八分满后，轻轻压实。

04.

将植株小芽种植于盆器中央。剪下的芽亦可放置于通风阴凉处，等发根时再种植，或是剪下后等伤口干了再种植。

05.

植入后，表面可依自己喜好，用石头或者水苔装饰。

06.

加入点不同素材做装饰，就能营造出不同氛围。

07.

贝壳砂会让人联想到海滩，是不错的装饰小物。

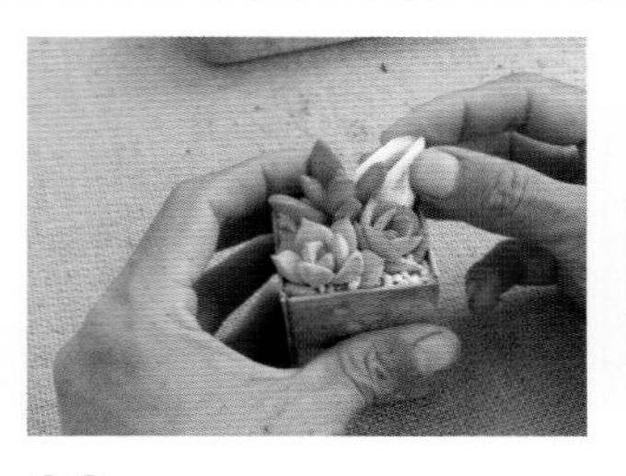

08.

亦可在同一盆器种植二三棵多肉植株，将盆器填满。

在排列组合间，通过不同的组合变化，能够呈现与众不同的风格。这是否也让你回忆起小时候玩积木的那份童趣呢！

19 突破

素烧一直是很讨人喜欢的素材，

尤其是它的质朴与没有过多的修饰，

纵使某些具有不完美的缺角，

但植物沿着破损处拔地而生，

仿佛暗示着突破的生命力。

材料

植物：

1. 姬银箭…………………………P145
2. 立田凤…………………………P168
3. 姬胧月…………………………P162
4. 筒叶花月………………………P145
5. 黄金万年草……………………P174
6. 德雷……………………………P148
7. 星乙女…………………………P143
8. 樱吹雪…………………………P182

介质材料与工具：

发泡炼石、细沙、栽培介质、水苔、铁丝（20号、18号）。

容器：

素烧盘、素烧盆。

设计理念

利用破损素烧盆的堆叠，让植物沿着缺口层层往下蔓延生长，创造出流水般的线条，最下方安排德雷为主体，以让画面在下方聚焦。

维护重点

适合室外全日照环境，由于底盘会积水，需注意不要浇水过多。

做法

01.
先在素烧盘上放一个尺寸较大的素烧盆，然后于盆上加些细沙，以让素烧盆不会乱动。接着在盆内加入发泡炼石至1/3满。

02.
将带有土团的姬银箭以斜切方式种在盆器缺口处，上方再植入姬胧月。若植株无土团，就作假固定，再补介质。

03.
于大素烧盆内填入栽培介质至九分满，然后把小素烧盆放置于姬胧月后方，并往前稍微压实。

04.
于姬胧月后方角落补上一小撮黄金万年草，再把较高的筒叶花月种植于左后方（避开盆子缺口）。

以铁丝将筒叶花月假固定，再补上栽培介质压实。

05.
前方植入立田凤，并作假固定。

06.
于立田凤前方植入黄金万年草后，再将介质往后方压实。

07.
剩余空隙处，取带土团的黄金万年草补满。

19. 突破

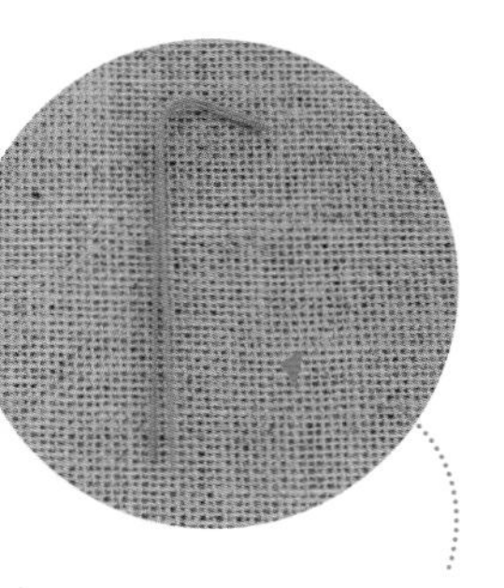

08.

从上方把两支“7”字形铁丝由排水孔往下插入介质中，以固定小素烧盆。

取18号铁丝对折后，再折成“7”字形，折两支备用。

09.

让弯折的部分卡住盆底，这样一来盆器就不易移动。

10.

将发泡炼石、栽培介质填入小素烧盆，然后在缺口下方往上植入樱吹雪。

11.

在樱吹雪后方植入一棵姬胧月，后方空缺处补上细沙即可。

12.

取两棵德雷植入下方素烧盘。可先用石头或将素烧盆直立作假固定，再填入栽培介质固定。

13.

缝隙间可补上有直立线条的星乙女，让线条往外延伸。

先用铁丝假固定，再以栽培介质或水苔固定好。

14.

于前方再补上一个小素烧盆，接着把一部分的素烧盆埋入土中做固定。

15.
在小盆前植上一棵樱吹雪，以让盆子不会往前滚动，德雷前方补上樱吹雪作收尾。

16.
若觉得线条的延伸感不足，可轻轻拨开想要种植的缝隙，再补上星乙女。

17.
最后，将石头错落有致地排列上去，再于表面铺上一层细贝壳沙。

完成

20 “袋袋”相传

简单的面纸袋

加上一个塑料盒，

竟带来意外的惊喜，

就让这一袋美好，

传递着盎然绿意。

材料

植物：

1 锦乙女 P143
2 纽伦堡珍珠 P149
3 秋丽 P162

介质材料与工具：
发泡炼石、栽培介质、水苔、铁丝（20号、18号）、麻绳。

容器：
面纸袋、塑料空盒。

设计理念

简单利用麻制的面纸袋，让秋丽往袋外延伸。以纽伦堡珍珠为主体，再通过锦乙女鲜明的绿色，来衬托出此主体的粉嫩色彩。

维护重点

适合室外全日照环境，里头的塑料盒若无排水孔，需注意浇水量，千万别造成积水。

做法

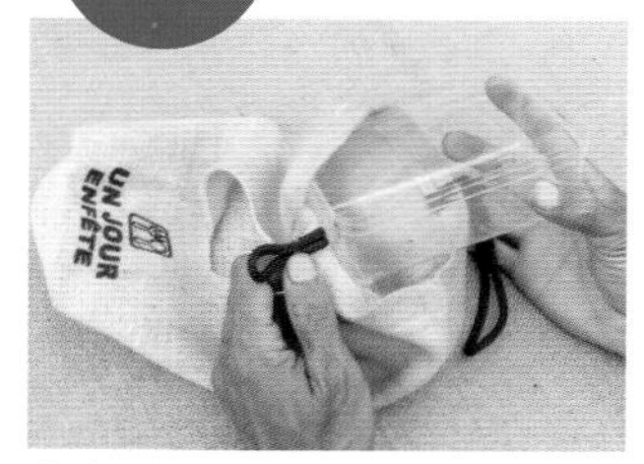

01.
先将塑料空盒装入面纸袋中，也可利用塑料瓶剪成所需大小。高度在面纸袋的缺口下缘处，可于塑料空盒底部打孔以作排水孔。

02.
于塑料盒中填入发泡炼石增加排水性，再加入栽培介质至八分满。

03.
利用具下垂性的秋丽作底，种植于面纸袋下方缺口，让秋丽成90° 垂坠。

20. “袋袋”相传

04.
先用铁丝假固定，再把它固定于塑料空盒内。

05.
上方种植纽伦堡珍珠，面朝上约 45°，先以铁丝假固定，然后再固定好。

06.
植入锦乙女，以衬托两者的颜色与形态。

07.
最上方再补上一株纽伦堡珍珠，先假固定，然后再固定住。

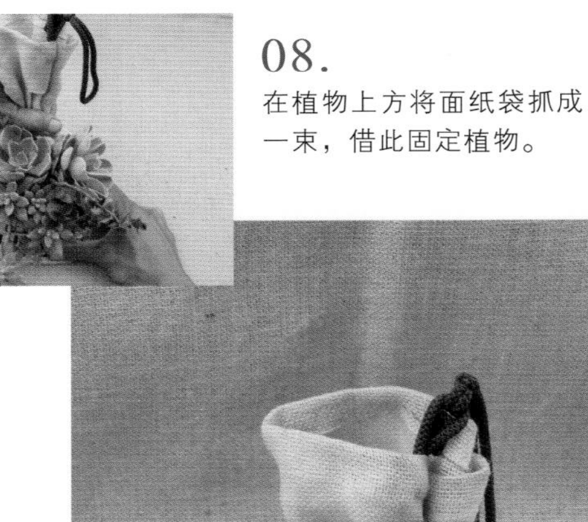

08.
在植物上方将面纸袋抓成一束，借此固定植物。

09.
取一段麻绳或拉菲草打个蝴蝶结，固定即完成。

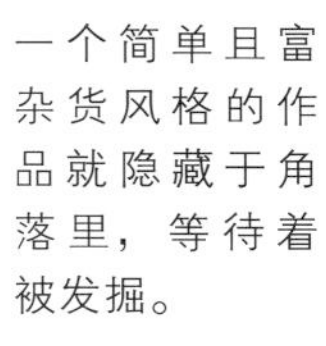

一个简单且富杂货风格的作品就隐藏于角落里，等待着被发掘。

21 平凡

平凡也有简单的美，

其表现虽是最基本的功夫，

却潜藏着一份不平凡。

材料

植物：

1 大银明色…………………………P154
2 蝴蝶之舞锦………………………P164
3 姬秋丽……………………………P159
4 德雷………………………………P148
5 虹之玉……………………………P171
6 秋丽………………………………P162
7 水藻草（可用不死鸟锦替代）
8 雀丽………………………………P176

介质材料与工具：

棉布或麻布、发泡炼石、栽培介质、水苔、铁丝（18 号、20 号）、驯鹿水苔或小石头。

容器：

铁网篮。

设计理念

利用铁网盆器来栽种，让德雷与大银明色相互对比，交相辉映，凸显对方。

维护重点

适合室外全日照环境，栽培介质干了再浇水。

做法

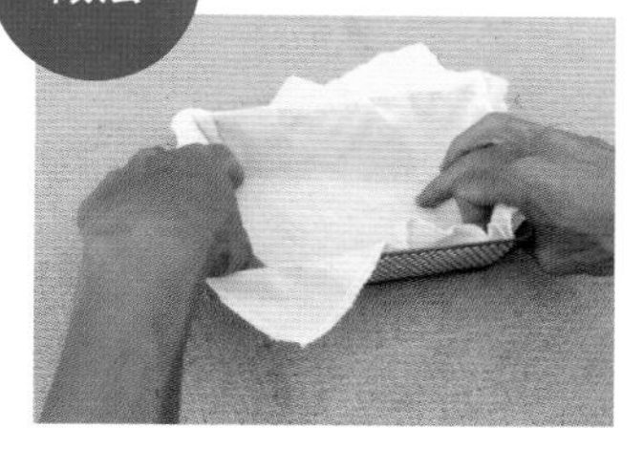

01.
用棉布或麻布铺底，后方留长一些，也可铺上一层薄薄的水苔，以防止栽培介质流失。

02.
铺上一层发泡炼石以增加排水性。

03.
再铺上栽培介质至八分满左右。

04.
从最大的主体德雷开始，置于盆子的1/3处，后方种植较高的水藻草。

在土壤还无法固定住植物时，先以铁丝作假固定与主体做连接。

05.
于前方角落处种植带土团的秋丽，把主体德雷往秋丽方向压实。

当植物会晃动时，可加铁丝固定住。

06.
前方补上一小撮雀丽，后方则植入蝴蝶之舞锦。

07.
前方再种植虹之玉，并作假固定，后方主体旁则种植雀丽。

08.
两者的中间空隙处种植大银明色，同样以铁丝往主体方向固定。

21. 平凡

09.
以小型的姬秋丽收尾，把土壤压实以确保植物在根系还没长稳定时不会晃动。

10.
种植好时，表面铺上一层薄薄的水苔，转到后面把较长的棉布或麻布往前翻盖住后方的土壤。

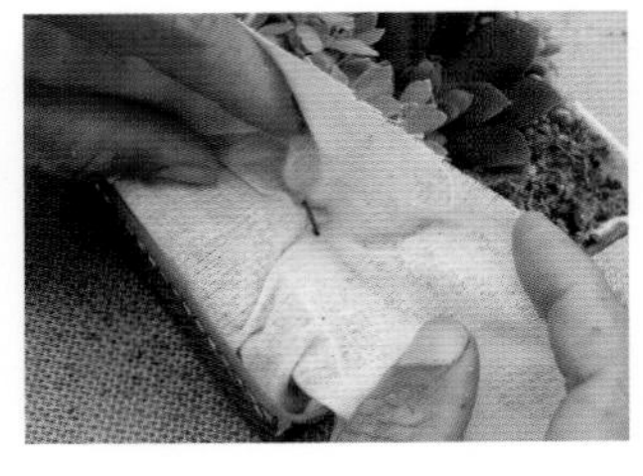

11.
同样以 U 形钉穿过棉布或麻布固定。

12.
再转到前面，以驯鹿水苔或石头把表面空隙补满。

完成

一个看似简单的作品，却涵盖了组合盆栽中配置、种植、颜色、形态等各方面扎实的基本功。看似平凡，但其所蕴含的特殊之处，就要由您来细心品味了。

22 包容

盆之所以为盆，是因能容纳物品，有容乃大，

相同于作品《平凡》中的铁篮子，不一样的思维，

呈现的又是截然不同的光景。

材料

植物：

1 细长群蚕…………………………P183
2 蓝石莲…………………………P146
3 樱吹雪…………………………P182
4 虹之玉锦…………………………P172
5 花丽…………………………P147
6 台湾景天…………………………P175

介质材料与工具：
棉布或麻布、栽培介质、水苔、铁丝（18 号、20 号）。

容器：
铁网篮。

设计理念

一样的长方铁网盆器，不一样的思维，不一样的运用，让蓝石莲的颜色，在台湾景天的衬托下更显耀眼。

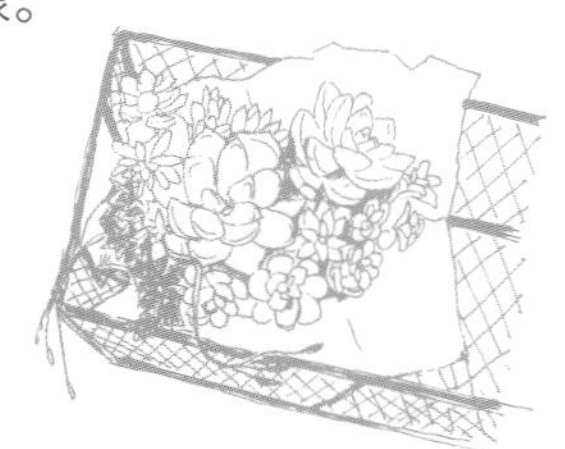

维护重点

适合室外全日照的环境，栽培介质干了再浇水。

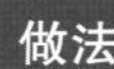

做法

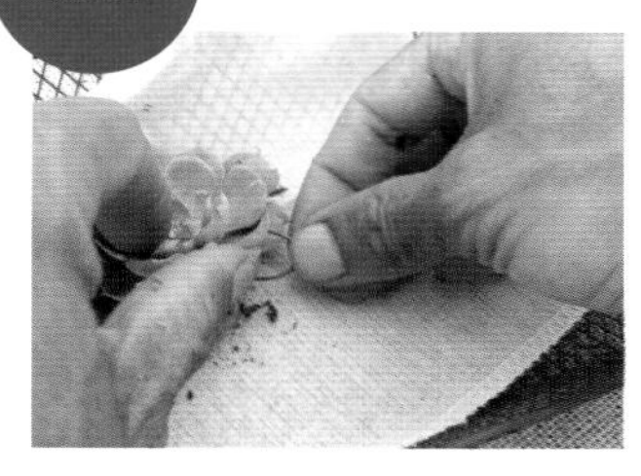

01.
取一小块棉布或麻布置于网篮一隅。将最小的蓝石莲种植于角落，以 U 形钉扣住茎部穿过篮子，再把突出的铁丝折弯扣住篮子，让蓝石莲固定。

02.
下方补水苔，压紧再以铁丝固定住。接着于篮子的边缘种植花丽，以铁丝作假固定后再压紧。

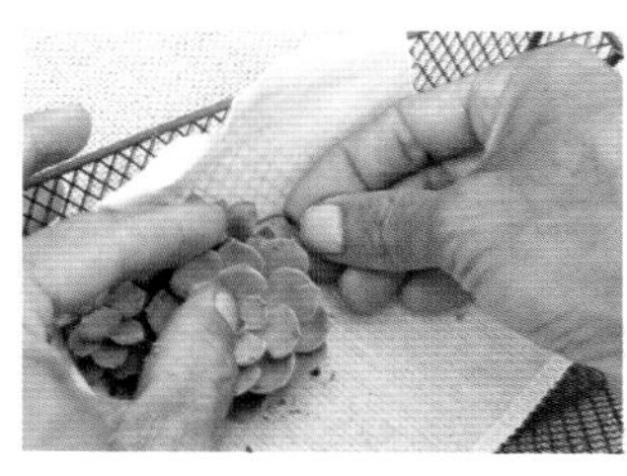

03.
用最大的蓝石莲当主体，植于花丽的前方，用铁丝与固定住的蓝石莲做连接。

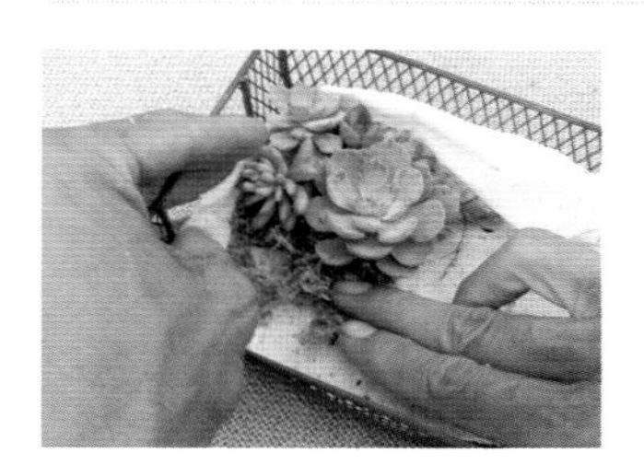

04.
两棵蓝石莲中间，植入虹之玉锦，补水苔后压实固定。

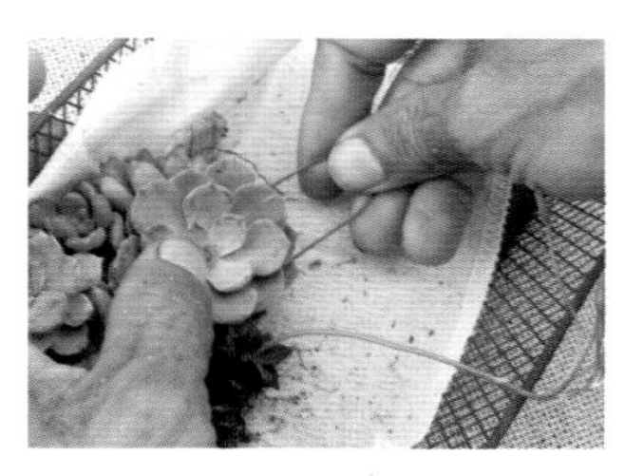

05.
左方以细长群蚕收尾并加些水苔。水苔不用多但要压紧，若塞得太多，植物会被往上推起，反而会不服帖于盆器。

06.
用一根较长的铁丝，扣住蓝石莲往种植好的方向固定。

07.
下方再补上水苔压紧固定。

08.
两棵蓝石莲的中间种植樱吹雪，此种植方式在园艺上称为“三角种法”，很常运用到。

完成

前方缝隙以台湾景天收尾。把介质盖住，固定好，包覆容纳在盆内的小天地就完成了。

23 反转世界

同类型盆器，

不同的运用方式，

所带来的就是不一样的风情与感动。

材料

植物：

1 月光兔耳…………………………P165
2 森之妖精
3 龙血景天…………………………P176
4 银星………………………………P160
5 铭月………………………………P173
6 台湾景天…………………………P175

介质材料与工具：

水苔、栽培介质、铁丝（18号、20号、24号）。

容器：

铁网篮。

设计理念

同样是铁网盆器，翻个面，呈现的又是另一个世界。月光兔耳的直立线条，龙血景天的红色动线，让整个作品变得活泼。

维护重点

适合室外全日照环境，介质少，所以浇水的次数可增加。

23. 反转世界

做法

01.
将主体月光兔耳去除些许土团，以细铁丝绕一圈绑住茎的底部。

02.
篮子转至背面，把月光兔耳绑好的铁丝穿过底部，绑紧固定。

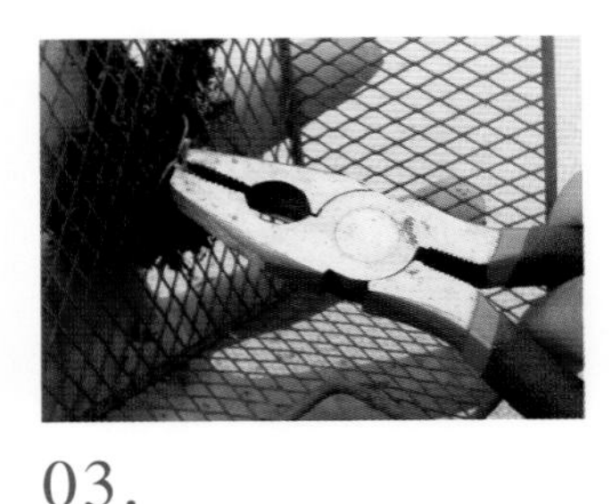

03.
以老虎钳把铁丝绑紧，但别拉得过紧，以免植物茎部被扭断。

04.
再用另一根铁丝，由上往下与之前的铁丝成十字状，把主体固定好。

05.
取中段的森之妖精，先假固定，与月光兔耳做连接。

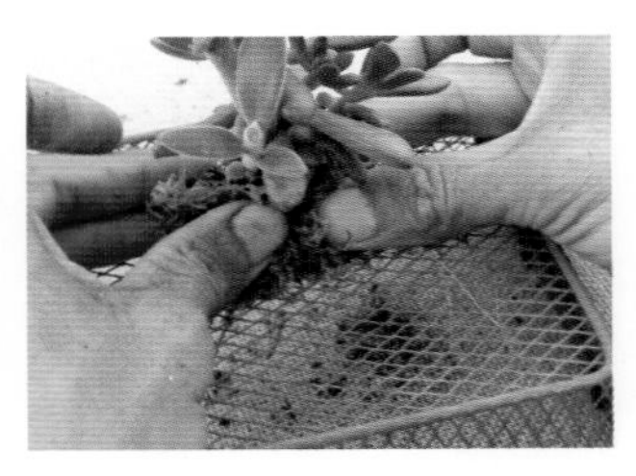

06.
补上水苔压实，再以铁丝固定。

07.
前方种植银星，先假固定后再加水苔压实、固定好。

08.
于前方再种植另一棵银星，先假固定后加水苔固定一起。离主体固定部位远，铁丝的长度要随之增长，以与主体连接而不易移动为准则。

09.
有长度的龙血景天植于森之妖精与银星间，较长的线条拉过两银星间，使其往前延伸。

10.
加水苔把介质压实、固定好。

11.
银星的左右两侧种植铭月，左方以铭月收尾，盖住介质固定好。

12.
右方同左方，在前半部种植铭月，盖住介质固定好。

13.
转到后方的部分，以台湾景天收尾，盖住介质作固定 。

14.
转到底部，把多余的铁丝修齐。

完成

即便是类似的盆器，用不同的方向思考，就会有不同的呈现方式，一体不仅只有两面。

24 藤圈上的多肉

带有三分原始野味的藤，

坚韧易于塑形，支撑力道强，

作为多肉花圈再适合不过了。

材料

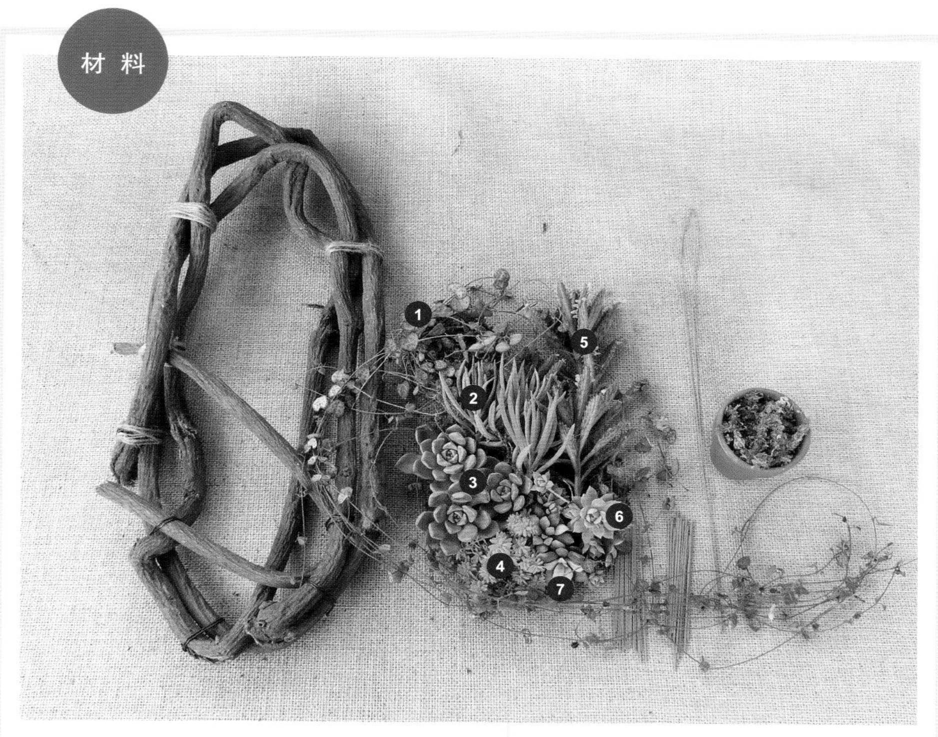

植物：

1 爱之蔓……………………………… P185
2 美空锌……………………………… P179
3 粉红佳人…………………………… P160
4 黄金万年草………………………… P174
5 不死鸟锦…………………………… P163
6 蔓莲………………………………… P159
7 樱吹雪……………………………… P182

介质材料与工具：

水苔、栽培介质、
铁丝（18 号、20 号、24 号）。

容器：

藤圈。

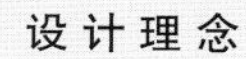

设计理念

藤这种材质易于塑形且具有强韧的支撑力，能轻易塑造出想要的形状。金黄细碎的黄金万年草，为暗沉的藤彰显出明亮感，而爱之蔓则为整体作品带了点野趣。

维护重点

适合室外全日照的墙面，介质少，浇水次数可增加。

24. 藤圈上的多肉

做法

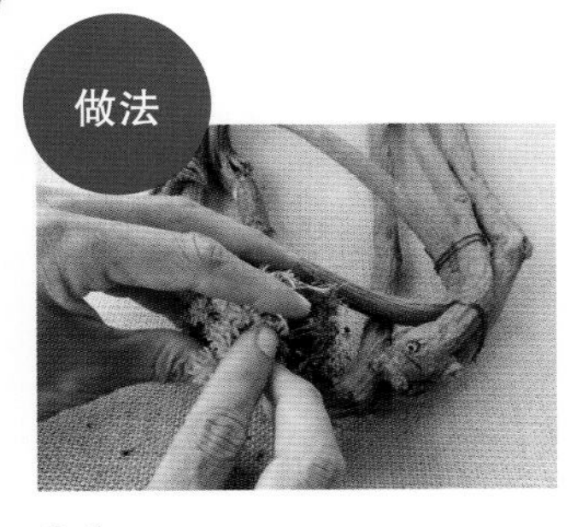

01.
在藤的空隙间，先植上带土团的黄金万年草（别介意下方的镂空，先将桌面当盆底）。

02.
在万年草上方种植作为主体的粉红佳人，选择主体时尽量找茎较粗、长的。

03.
取 24 号细铁丝折成 U 形，把茎与藤绑在一起。

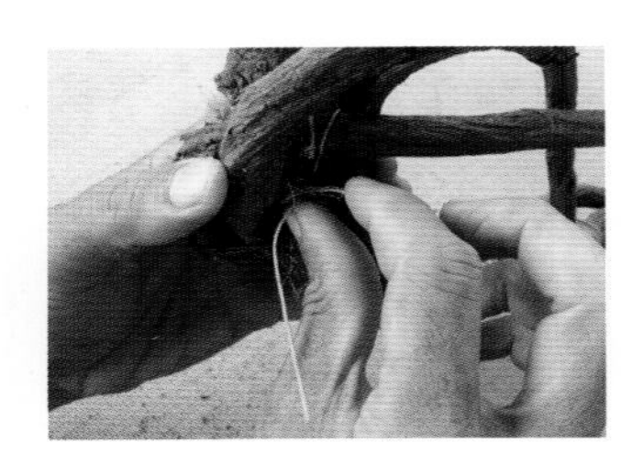

04.
若一根铁丝无法固定牢靠，可多加几根直到把主体固定牢。捆绑时须小心别把茎弄断。

05.
补上水苔压实，水苔若没压实，干燥时体积会缩小而容易松落。

06.
粉红佳人以假固定方式，与固定好的主体做连接，抓住不动的主体，本身也就不容易移动。

07.
于左上方种植樱吹雪，以铁丝加水草压实、固定。

08.
将完成的部分压实，再补上铁丝固定。

09.
顺着藤往上种植樱吹雪、蔓莲，细小的东西不好固定，需要耐心、逐步作假固定。

10.
把不死鸟锦根部用细铁丝绑在藤上，下方再以U形钉固定在已完成的水苔上。

11.
将爱之蔓去除土团，取零余子固定在水苔上，一棵零余子一般会有一段茎。

12.
以假固定方式先行固定蔓莲。

13.
将去除土团的美空锌一根根作假固定，再加上水苔固定在不死鸟锦前方。

14.
小缝隙以黄金万年草填满，做配色装点。

15.
再以较大的粉红佳人补足美空锌的空隙，同样先假固定，然后再加水苔压实。

16.
上方补上带土团的黄金万年草与蔓莲，把水苔覆盖住收尾。此时铁丝是往下固定，长度也可长些，以看不到铁丝露出即可。

一个带有粗犷味但又体现细腻的多肉藤圈就完成了。

25 迷你花园

住在都市的我们，

想拥有个大花园是多么难以实现的渴望，

既然没那么大的空间，那么就把花园缩小吧！

材料

植物：

1 星乙女 P143
2 十二之卷
3 大和美尼 P150
4 印地卡 P178
5 姬星美人 P173
6 迷你莲 P154
7 黄金万年草 P174
8 银之太鼓 P166

介质材料与工具：
水苔、栽培介质、石头、贝壳沙、铁丝（18 号、20 号）、小砖块。

容器：
素烧盘。

设计理念

把花园里的一小角迷你化，让银之太鼓充当大树，黄金万年草伪装成草皮，十二之卷变身为大型龙舌兰，一个迷你花园就此打造完成了！

维护重点

适合室外全日照，注意浇水的量，避免积水。

25. 迷你花园

做法

01.

将银之太鼓去除一半土团，让土面与素烧盘的边缘齐高，再填入栽培介质略为固定。需挑选略大、枝叶旺盛的银之太鼓模拟大型灌木。

02.

前方种植十二之卷模拟大型龙舌兰，先用铁丝假固定。

03.

前方以姬星美人铺底，模拟地被的草皮或矮灌木丛。以铁丝假固定，与主体银之太鼓做连接。

04.

后方的空隙处，种植比十二之卷高、但比银之太鼓矮的星乙女，以铁丝假固定。

05.

左侧同样种植星乙女，但此处植株要较右侧低矮。如此迷你花园右半部就完成了。

06.

迷你花园左侧部分，将黄金万年草去除一半土团，让高度与盆缘同高，上方约中间处先植入印地卡，以铁丝假固定。

07.

后方再植入比右边主体略小的十二之卷，先假固定后再取一小撮黄金万年草种植于后方。

08.

取一根较长的铁丝，由后往前固定，让这一大片草皮连成一块。

09.

在手压住的地方种植两棵迷你莲，然后沿着盆缘种植一片黄金万年草，离盆缘稍远的地方种植大和美尼，以铁丝假固定。

10.
大和美尼后方种植十二之卷，以铁丝假固定，并加栽培介质把空处填至八分满。

11.
在土壤处铺上一层薄薄的水苔，防止石头与介质混在一起。

12.
再铺上一层细石头或细沙。

13.
用迷你砖块排出步道，后方铺成空地的样子。

14.
把较细的贝壳沙撒在砖块上方。

15.
用刷子把贝壳沙轻拨到孔隙里，填补隙缝时亦能固定砖块。

一个不需花费很多时间照料的迷你花园就完成了！摆上小椅子后，是否有想坐下喝杯咖啡，享受置身其中的愉悦呢？

26 玩石

是顽石也是玩石，

浮石的多孔隙、轻质量，

常被拿来做多方面的运用，

打个孔让顽石也能轻易地变玩石！

材料

植物：

1 星影………………………………P150

2 仙人掌

3 红日伞…………………………P148

4 野兔耳…………………………P165

介质材料与工具：

水苔、栽培介质、铁丝（18号、20号）、驯鹿水苔。

容器：

挖洞的石头。

设计理念

高的红日伞、矮的星影（缀化）、胖的仙人掌、瘦的野兔耳，构成一个丰富的小世界，顽石也甘为绿叶，衬托出它们的灵动与鲜活。

维护重点

适合室外全日照。因介质少，浇水次数可增加。

26. 玩石

做法

01.
用镊子夹住仙人掌以免被刺到。

02.
用夹子把水苔压实，固定好仙人掌。

03.
将报纸折成条状包住仙人掌，除了好操作外，也不会伤到植物。

04.
石头的空隙处补上野兔耳，用水苔压实。

05.
一方面利用水苔压实，一方面用铁丝固定，避免植物掉落。

06.
以驯鹿水苔盖住水苔做装饰，用小石头亦可。

07.
加些不同颜色的水苔做跳色，虽只是小小变化，但却会呈现出截然不同的效果。

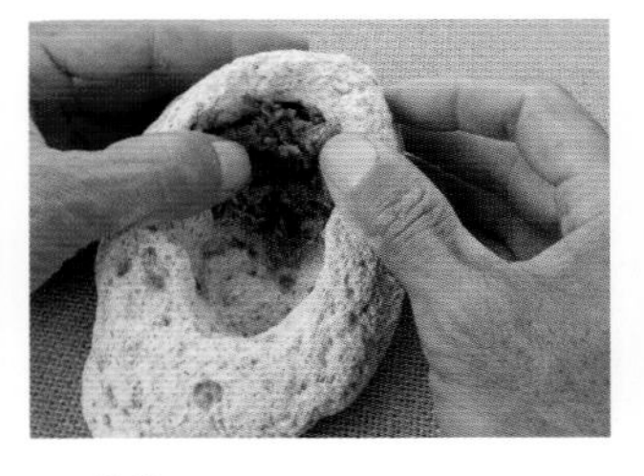

08.
先铺些水苔压实，栽培介质亦可。

09.
种植两小棵野兔耳，加些水苔压实。

10.
种植较高的红日伞，先假固定后再加水苔固定。

11.
前方种植野兔耳，加水苔压实。

12.
用铁丝固定，以代替还未长好的根系，确保植物不会移动。

13.
将与盆口等长的铁丝由前方往后固定，再取另一根由后方往前固定。

14.
表面用驯鹿水苔做装饰，盖住土壤或水苔。

15.
将整株星影（缀化）占满整颗石头，只需用水苔把空隙补满即可。

16.
用驯鹿水苔做装饰，以铁丝固定即完成。

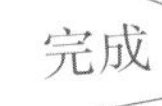

简单的作品，却有浓浓的原始风味。

27
突围
LUBE OIL CAN
植物会随着时间流逝而生长，
虽然限制了前进的方向、挡住了去路，
仍无法困住旺盛的生命力，
从中找到自己的出路。

材料

植物：

1 纽伦堡珍珠…………………………P149

2 锦晃星…………………………………P149

3 紫蛮刀…………………………………P179

4 花簪……………………………………P143

5 黄金万年草……………………………P174

介质材料与工具：

水苔、栽培介质、

铁丝（18号、20号）。

容器：

铁篮子。

设计理念

利用厨房淘汰的铁篮，搭配紫蛮刀的野性、锦晃星的稳重，让多肉植物的生命力展现无遗。

维护重点

适合室外全日照的环境，栽培介质干了再浇水。

27. 突围

做法

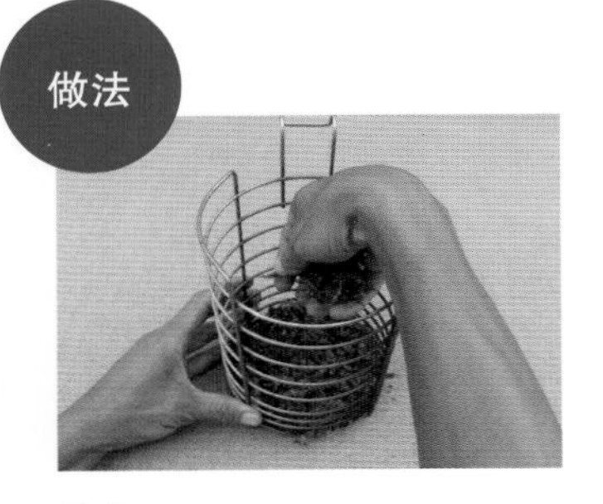

01.
先在铁篮子底部铺上一层薄薄的水苔，防止栽培介质流失。

02.
把主体紫蛮刀种植于后方，斜的部分从中间孔隙穿出。

03.
将形态较扎实的锦晃星由上方植入紫蛮刀前方，再假固定。

04.
将锦晃星去除土团，从中间缝隙把根部植入。

05.
调整好位置后以铁丝假固定。

06.
再种植一棵较小的锦晃星，调整好层次再假固定，并以水苔压实。

07.
以黄金万年草做铺底，盖住栽培介质。

08.
取较小的纽伦堡珍珠由上方往下种植。

09.
将黄金万年草植入锦晃星间的空隙，并假固定。

10.

再种植较大的纽伦堡珍珠，高度较先前的高一些。

11.

取花簪以一小撮一小撮的分量，种植于前方空隙。

12.

加水苔压实，再补上铁丝作固定。

13.

后方的部分若是做单面摆饰，可用水苔盖住栽培介质，再以铁丝固定水苔即可。

14.

若要作为四面的摆饰，可用较细碎的景天类多肉把介质盖满。

完成

一个不起眼的废弃碗架，也能轻易地成为多肉植物的家！

28 “砖”情

平凡无奇的砖块，

向来给人刚硬的感觉，

通过多肉植群的装点，

似乎多了点柔情。

材料

植物：

1. 毛小玉…………………………… P173
2. 银风车…………………………… P161
3. 黑王子…………………………… P154
4. 黑骑士…………………………… P154
5. 细长群蚕………………………… P183
6. 雀丽……………………………… P176
7. 霜之朝…………………………… P170
8. 姬秋丽…………………………… P159
9. 黄金万年草……………………… P174
10. 虹之玉…………………………… P171

介质材料与工具：

水苔、栽培介质、

铁丝（20号、22号）。

容器：

砖块（已挖洞）。

设计理念

看似再普通不过的砖块，运用巧思，将带有粉粉青绿色的银风车与霜之朝作为主体来发挥，周围以颜色深浅不定的黑王子、雀丽、黄金万年草等作点缀，顿时展现生气盎然的味道。

维护重点

适合室外全日照的环境，由于介质较少，建议可增加浇水次数。

28. “砖”情

做法

01.
将银风车去土团后种植于洞穴边缘。

02.
外围加水苔压实。

03.
在主体前方种植一棵较小型的黑王子（根系要在洞里面，加水苔压实）。

04.
再植入一棵较大的黑骑士于中央，记得先假固定，再加水苔压实。

05.
前方的空隙补上细长群蚕，让作品色彩更有层次。

06.
再于黑骑士与细长群蚕间补上雀丽，呈现出鲜明的跳色。

07.
补上一颗较大的黑王子，以铁丝假固定后加水苔压实。

08.
周围补上一小撮黄金万年草点缀，增加色彩丰富度。

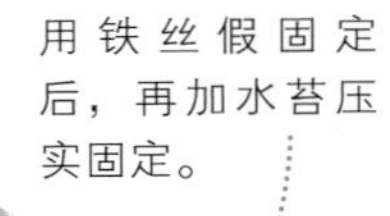

用铁丝假固定后，再加水苔压实固定。

09.
再植入一株黑骑士，并于两株黑骑士间种植一小株姬秋丽。

用铁丝假固定后，加水苔压实固定。

10.
补上一撮黄金万年草，并以铁丝往介质较多的地方作固定。

11.
加入毛小玉作出线条往中间延伸，第一块作品即完成了。

12.
另一块洞口较小的砖头以霜之朝做主体。先把三株霜之朝植入洞内。

13.
空隙处补上水苔压实，再以铁丝固定。

14.
周围以黄金万年草盖住介质，并用铁丝固定，接着植入虹之玉作为配色。

15.
另一边用雀丽铺底，并以铁丝固定。

完成

第3章
280款超人气多肉品种图鉴

天锦章属 Adromischus

叶片多为肥厚肉质，植株皆属小型种，各品种间生长性状大多相似。生长与繁殖速度较缓慢，但普遍易于照顾、栽培，繁殖可以叶插或砍头，适合在入秋后凉爽的季节进行。

天锦章

Adromischus cooperi

直立性丛生 / 小型种 / 叶插、砍头

有着肥胖饱满的扇形叶片，叶片呈浅绿色，前端具深绿色斑点，叶缘则有浅色镶边。

天章

Adromischus cristatus

直立性丛生 / 小型种 / 叶插、砍头

扇形叶具明显波浪状，外观为翠绿色，叶茎间容易长出大量橘色气根，生长速度慢。

朱唇石

Adromischus marianiae 'Herrei'

短茎丛生 / 小型种 / 叶插、砍头

叶片外表凹凸不平，充满颗粒状突出物，外形酷似苦瓜。繁殖使用叶插，但速度会较慢。

拖姿属

（鳞甲草属、莲花掌属）

Aeonium

生长季在秋至翌年春较凉爽的季节，此时给予充分日照与水分，生长迅速。夏季植株进入休眠期，通常会出现落叶、叶片紧缩情况，此时给水要节制，且放置光線明亮通风处。

黑法师

Aeonium arboreum 'Atropureum'

直立性 / 中型种 / 砍头

日照充足时，叶色会从红褐色转变为紫红色，若对植株限水，叶色会显得较黑一些。

绿法师

Aeonium arboreum

直立性 / 中型种 / 砍头

黑法师原种，但绿法师翠绿色的叶子几乎不变色，温差大时叶尖会有咖啡色线条斑纹。

夕映

Aeonium lancerottense

直立性 / 中型种 / 砍头

叶片有明显红边，叶缘具细小锯齿状毛边。日照充足时翠绿色叶片会带点褐色。

圆叶黑法师

Aeonium 'Cashmere Violet'

直立性 / 大型种 / 砍头

外观类似黑法师，但叶形较宽大，叶片前端呈椭圆形，生长季叶片容易拉长，叶缘会轻微卷曲。

八尺镜

Aeonium undulatum ssp. 'Pseudotabuliforme'

直立性 / 中型种 / 砍头

翠绿色的叶片几乎不变色。休眠状态时，叶片会紧缩并层层贴合，整个伞顶变得很扎实。

三色夕映

Aeonium decorum fa. *Variegatum*

直立性 / 大型种 / 砍头

外观生长性状与夕映相同，但叶片会出现黄色至橘色的渐层色斑。

伊达法师

Aeonium 'Bronze Medal'

直立性 / 中型种 / 砍头

叶面具油亮质感，翠绿色的叶子中间会有褐色条纹，日照充足时叶片会变成褐色。

古奇雅

Aeonium goochiae

直立性 / 中型种 / 砍头

绿色叶片表面有绒毛质感。进入休眠状态时，叶片会紧缩并层叠包覆，就像一朵绿色的玫瑰。

艳姿

Aeonium undulatum

直立性 / 大型种 / 砍头

绿色叶片镶着红边。温差大且日照充足时，叶片前端会出现褐色的线条纹路。

曝日

Aeonium urbicum 'Sunburst'

直立性 / 大型种 / 砍头

艳姿的覆轮品种，低温季节接受充足日照，叶面锦斑会变得明显，夏季则建议避开日光直射。

曝月

Aeonium urbicum cv. *Variegate* 'Moonburst'

直立性 / 小型种 / 砍头

艳姿的中斑品种，浅黄色的锦斑不规则地出现在叶片中间，叶缘同样具红色镶边。

小人之祭

Aeonium sedifolium

直立性 / 小型种 / 砍头

绿色叶片具不规则红褐色条纹，夏季休眠期建议避开阳光直射，给予通风良好环境。

圆叶小人之祭

Aeonium sedifolium

直立性 / 小型种 / 砍头

外形与小人之祭相似，叶片为具厚度的棒状叶，绿色叶片具红褐色条纹，此款度夏较容易。

镜狮子

Aeonium nobile

直立性 / 大型种 / 砍头

叶缘具锯齿状毛边，日照充足下叶片会带点褐色，休眠状态时全株转变成褐色。

明镜

Aeonium tabuliforme

短茎 / 中型种 / 砍头

叶片平贴紧密生长，叶缘具明显绒毛。休眠期植株叶片紧缩变短，植株显得更平面。

爱染锦

Aeonium domesticum fa. *Variegata*

直立性 / 小型种 / 砍头

翠绿色叶片上具不规则白色或浅黄色锦斑，新叶锦斑比较黄，老叶的锦斑偏白，度夏较有难度。

叶片对生，多数品种叶面都铺有厚实白粉，但熊童子这系列的叶片则布满绒毛。大多数品种生长季节为春、秋两季，冬季低温生长速度缓慢，夏季则进入半休眠状态，生长停滞。繁殖上多采用砍头方式，叶插容易只长根不发芽。

福娘

Cotyledon orbiculata 'Oophylla'

直立性 / 中型种 / 砍头

叶片铺有白粉，叶尖至叶缘具红色镶边。生长季在低温季节，夏季高温多湿易造成掉叶。

引火棒

Cotyledon orbiculata v. oblonga 'Fire Sticks'

直立性 / 中型种 / 砍头

叶对生，前端叶缘会有轻微波浪状，叶尖至叶缘有明显的红色镶边。

银波锦

Cotyledon orbiculata 'Undulata'

直立性 / 中型种 / 砍头

叶缘具明显波浪状，全株铺有白粉。可通过修剪促进分枝生长，使植株形成丛生姿态。

熊童子

Cotyledon tomentosa ssp. *Ladismithensis*

直立性 / 中型种 / 砍头

绿色叶片布满绒毛，锯齿状叶尖在低温、日照充足下会变成红色，像是擦了指甲油般。

黄斑熊童子

Cotyledon tomentosa
ssp. *Ladismithensis* f. *Variegata*

直立性 / 中型种 / 砍头

叶片中间会有不规则黄色锦斑，锦斑的部分会因个体而有所差异。

白斑熊童子

Cotyledon tomentosa ssp. *Ladismithensis* f. *Variegate*

直立性 / 中型种 / 砍头

白色锦斑不规则出现在叶缘两侧。 栽培上忌高温多湿，夏季植株容易折损，栽培有难度。

青锁龙属
Crassula

叶对生，各品种间外观特性差异颇大。此属多肉较无明显休眠期，几乎全年都会生长，但冬季低温生长较缓慢。繁殖多采用砍头、枝条扦插，适合在春、秋两季进行。

火祭

Crassula Americana 'Flame'

匍匐丛生 / 中型种 / 砍头

叶片互生，绿色叶片在低温、日照充足下会转变成火红色。易出现锦斑品种，也会出现呈旋转叶形的变异。

花簪

Crassula exilis ssp. *cooperi*

丛生 / 小型种 / 砍头

分枝良好易丛生，叶片布满褐色细小斑点，在日照充足环境中，植株会比较紧密扎实。

青锁龙

Crassula muscosa

直立性丛生 / 小型种 / 砍头

青锁龙细小的绿色叶片向上堆叠生长。植株枝条长高容易伏倒，可修剪促进新芽生长或重新扦插。

锦乙女

Crassula sarmentosa f. *Variegata*

直立性丛生 / 中型种 / 砍头

叶缘有明显锯齿状，叶片两侧有黄色锦斑，鲜明的对比色很适合运用在组合作品中。

星乙女

Crassula perforata Thunb

直立性丛生 / 中型种 / 砍头

叶缘有浅浅的粉红色泽，低温、日照充足下红边会更明显，非常容易扦插繁殖。

南十字星锦

Crassula perforata 'Variegata'

直立性丛生 / 中型种 / 砍头

外观类似星乙女，但叶片显得更薄，锦斑在低温季节才会显现，夏季外观几乎全绿无锦斑。

星之王子

Crassula conjuncta

直立性丛生 / 中型种 / 砍头

体形较星乙女大，绿色叶片显得厚实粉白，而且有明显的红色镶边。

小米星

Crassula 'Tom Thumb'

直立性丛生 / 小型种 / 砍头

三角形叶片胖而厚实，有明显红边，外形很可爱，分枝良好易丛生。

小圆刀

Crassula rogersii

直立性丛生 / 中型种 / 砍头

叶面有绒毛质感，绿色叶片几乎不会变色，日照充足环境下叶色较为浅绿。

波尼亚

Crassula browniana

丛生 / 小型种 / 砍头

叶片布满绒毛，红褐色的茎与绿叶形成对比。生长快速，分枝性良好，是一款轻松就能爆盆的多肉。

佐保姬

Crassula mesembryanthoides ssp. *Hispida*

匍匐丛生 / 中型种 / 砍头

叶片布满绒毛，绿叶在日照充足下会转为黄绿色。春天会伸出长长的花梗，开出白色小花。

银箭

Crassula mesembryanthoides

直立性丛生 / 中型种 / 砍头

叶片层叠对生、布满绒毛，叶片几乎不变色，夏天高温多湿容易造成叶面的锈病产生。

姬银箭

Crassula remota

蔓性丛生 / 小型种 / 砍头

也称作星公主，叶片布满白色绒毛，日照充足时植株显得紧密，绒毛会变得明显。

筒叶花月

Crassuls ovata Gollum

直立性 / 中型种 / 砍头

因筒状的叶形，也被称作“史瑞克耳朵”。绿叶在前端会有红色色块，在温差大的季节尤其明显。

知更鸟

Crassula arborescens ssp. *undulatifolia* 'Blue Bird'

直立性 / 大型种 / 砍头

菱形状狭长的叶片铺着白粉，叶薄且叶缘有红色镶边，低温季节红边会更明显。

花月锦

Crassula ovata Tricolor varieg

直立性 / 中型种 / 砍头

花月的锦斑品种，白色的线状锦斑不规则分布，日照充足时锦斑会出现桃红色泽。

神刀

Crassula falcata

直立性 / 大型种 / 砍头

叶片布满白色绒毛，外观呈浅绿色。栽培上切忌高温潮湿，否则叶面容易出现锈病。

茜之塔

Crassula tabularis

蔓性丛生 / 小型种 / 砍头

叶互生，墨绿色叶片若日照充足会变成褐色，叶背会转变成红色。

拟石莲属
Echeveria

拟石莲属种类繁多，具明显花朵般莲座外观，一般统称石莲。生长期多为春、秋两季。此属大多强健好照顾，介质以排水良好通气性为佳。繁殖可使用叶插、侧芽扦插或砍头。

七福神

Echeveria Imbricata

直立性莲座 / 中型种 / 侧芽、砍头

叶片具明显叶尖，会排成圆形莲座，又称观音座莲。温差大的季节叶缘会出现红边。

玉蝶

Echeveria runyonii

莲座 / 中型种 / 叶插、侧芽、砍头

灰白色外观带点浅蓝色，若日照充足会显得更白。容易在老化的茎干长出侧芽。

特叶玉蝶

Echeveria runyonii 'Topsy Turvy'

莲座 / 中型种 / 叶插、侧芽、砍头

有特殊的反叶，蓝灰色叶片有明显白粉，棒状的叶尖看起来像心形。栽培上生长快速、体质强健。

初恋

Echeveria 'Huthspinke'

莲座 / 中型种 / 叶插、侧芽、砍头

温差大、日照充足下会变成桃红色，夏季高温时植株则呈灰白色，是一品漂亮的粉红色系多肉。

蓝石莲

Echeveria peacockii 'Subsessilis'

直立性莲座 / 中型种 / 叶插、侧芽、砍头

蓝色叶片铺着一层白粉，低温季节叶缘会带点粉红色，是标准的莲座型景天。

祇园之舞

Echeveria shaviana 'Truffles'

莲座 / 中型种 / 叶插、砍头

又称莎薇娜，波浪般卷曲皱褶的叶缘是其最大特色。白色叶片在温差大时会变成粉红色。

粉红莎薇娜

Echeveria shaviana 'Pink Frills'

莲座 / 中型种 / 叶插、砍头

波浪皱褶的叶缘与祇园之舞相似，但其叶片比较狭长，且外观是明显的紫粉红色。

金色光辉

Echeveria 'Golden Glow'

直立性莲座 / 中型种 / 叶插、砍头

具狭长内凹的剑形叶子，温差大的季节接受充足日照会变成黄绿色，叶缘会转变成橘红色。

花月夜

Echeveria pulidonis

莲座 / 中型种 / 叶插、砍头

外观带点天蓝色，叶尖与叶缘薄得透光。温差大、日照充足时，叶尖与叶缘会出现红色镶边。

花丽

Echeveria pulidonis

莲座 / 中型种 / 叶插、砍头

花月夜的变异个体，叶片较厚实，叶尖延伸到叶缘有明显红边是最大差异处。

树状石莲

Echeveria 'Hulemms's Minnie Belle'

直立性 / 中型种 / 叶插、砍头

叶片有明显棱纹，另有变异个体，台湾称作“森之妖精”。

久米里

Echeveria spectabilis

直立性 / 中型种 / 叶插、侧芽、砍头

油亮的叶面是其一大特色。翠绿色的叶片若日照充足叶缘会有明显的橘红色渐变层。

红日伞

Echeveria 'Benihigasa'

直立性 / 中型种 / 叶插、砍头

菱形的薄叶外观显得特别，灰绿色叶片呈波浪状，温差大时会出现渐变层的红边。

桃之娇

Echeveria 'Peach Pride'

直立性莲座 / 中型种 / 叶插、砍头

圆形内凹的叶片是其特色，粉绿色的叶子有明显叶尖，叶尖在温差大时会转为红色。

丸叶红司

Echeveria nodulosa
'Maruba Benitsukasa'

直立性莲座 / 中型种 / 叶插、砍头

椭圆形叶片一年四季都是显眼的紫红色，成熟的植株在低温季节叶面中间会长出瘤状物。

红司

Echeveria nodulosa

直立性莲座 / 中型种 / 叶插、砍头

有着灰绿色的狭长叶子，叶缘有红边、叶面则有红色棱线。

德雷

Echeveria Derex

直立型莲座 / 大型种 / 叶插、侧芽、 砍头

叶片呈浅绿色，低温、日照充足环境下，成熟植株会变成又橘又绿的特殊颜色。

纽伦堡珍珠

Echeveria 'Perle von Nurnberg'

直立性莲座 / 中型种 / 叶插、砍头

紫灰色外观带着淡淡的粉红色，日照充足下植株会显得更粉红。

白闪冠

Echeveria 'Bombycina'

直立性莲座 / 中型种 / 叶插、砍头

绿色叶片布满白色绒毛，低温季节若日照充足会有轻微的红边，给予充足日照会加强绒毛的表现。

锦晃星

Echeveria pulvinata 'Ruby'

直立性莲座 / 中型种 / 叶插、砍头

厚实感十足的叶片布满短绒毛，温差大时绿色叶缘会转红，粗壮的茎容易长高呈树状。

银晃星

Echeveria pulvinata Frosty

直立性莲座 / 中型种 / 叶插、砍头

叶片布满短而密集的白色绒毛，栽培上保持通风良好、水株不留叶片上，可降低得锈病概率。

红辉寿

Echeveria pilosa

直立性莲座 / 中型种 / 叶插、砍头

叶片比较狭长，温差大的季节，在日照充足下会出现红色镶边。

杜里万莲

Echeveria tolimanensis

莲座 / 中型种 / 叶插、砍头

叶片具明显叶尖、棱纹，灰紫色外观布满白粉。叶片紧密排列形成低矮的莲座，好照顾但生长缓慢。

大和美尼

Echeveria 'Yamatomini'

莲座群生 / 小型种 / 叶插、侧芽、砍头

日照充足下叶缘会呈红色，叶背会出现红色条纹，容易生长侧芽形成群生。

大和锦

Echeveria purpusorum

莲座 / 中型种 / 叶插、砍头

叶片厚实，上头布满灰白色锦斑，叶缘会有红边。该品种夏季要避免日照直射以免晒伤。

星影

Echeveria potosina

莲座 / 小型种 / 叶插、砍头

具蓝绿色狭长的叶片，外观是低矮紧贴介质生长的莲座，容易在基部生长侧芽形成群生姿态，容易出现缀化。

女雏（红边石莲）

Echeveria mebina

莲座群生 / 小型种 / 叶插、砍头

最大特色是叶尖至叶缘有明显红边，日照充足会强化红边特性，容易生长侧芽形成群生姿态。

妮可莎娜

Echeveria 'Nicksana'

直立性莲座 / 小型种 / 叶插、砍头

短胖的叶片紧密排列生长，浅绿色叶片有淡粉红镶边，会开出橘黄渐层的铃铛状小花。

红唇

Echeveria 'Bella'

莲座 / 中型种 / 叶插、砍头

叶形狭长呈棒状，绿色叶片布满绒毛。叶尖到叶背呈红色渐变层色泽，日照充足会更明显。

雪莲

Echeveria laui

莲座 / 大型种 / 叶插、砍头

叶片具圆弧外形、布满厚实白粉，给予充足光线可强化叶面的白粉质感。

大雪莲

Echeveria 'Laulindsa'

莲座 / 大型种 / 叶插、砍头

叶面布满厚实白粉，莲座直径可达 30cm 以上。生长较缓慢，春、秋两季较快速，喜充足日照环境。

桃太郎

Echeveria 'Momotarou'

莲座 / 大型种 / 叶插、砍头

绿色叶片有明显红色叶尖，温差大时红爪会更明显，大型种生长直径可超过 20cm。

白鬼

Echeveria shaviana × *Echeveria runyonii*

莲座 / 大型种 / 叶插、侧芽砍头

莎薇娜与玉蝶的交配种。生长速度快，叶插繁殖容易成功，适合在春、秋两季进行。

霜之鹤

Echeveria pallida

直立性莲座 / 大型种 / 叶插、侧芽、砍头

绿叶在温差大、日照充足环境下会出现红边，茎干与基部很会长侧芽，可以剪下进行繁殖。

绿霓

直立性莲座 / 大型种 / 叶插、砍头

外形类似霜之鹤，但叶形较薄、狭长。有明显的红边，长势与繁殖能力旺盛。

白凤

Echeveria 'Hakuhou'

直立性莲座 / 大型种 / 叶插、砍头

叶片具湖水绿色泽，叶片上的白粉容易因水冲刷或触摸而掉落，成熟植株叶缘会出现红边。

女王花笠

Echeveria 'Meridian'

直立性莲座 / 大型种 / 叶插、砍头

叶片有明显波浪状，温差大时叶面会长出不规则瘤状物。春天会抽出花梗，可剪段扦插繁殖。

高砂之翁

Echeveria 'Takasagonookina'

直立性莲座 / 大型种 / 叶插、侧芽、 砍头

整体颜色呈淡粉红色，叶片会向内卷曲、叶缘呈波浪状，叶面不会出现瘤状物，外形被戏称是高丽菜。

蓝弧

Echeveria 'Blue Curls'

直立性莲座 / 大型种 / 叶插、侧芽、砍头

叶缘呈波浪状，叶片本身并不会卷曲，整体颜色偏蓝绿色，温差大时植株生长会较紧密。

乙女之梦

Echeveria culibra

直立性莲座 / 大型种 / 叶插、砍头

叶片会反向卷曲成筒状，叶面有不规则瘤状物，容易长高形成主干。

彩雕石

Echeveria 'Paul Bunyan'

直立性莲座 / 大型种 / 叶插、砍头

蓝绿色叶片具浅浅的粉红色镶边，成熟植株叶片中间会有瘤状物，温差大时瘤状物会更大。

狂野男爵

Echeveria 'Baron Bold'

直立型莲座 / 大型种 / 叶插、砍头

成熟植株叶面上会出现块状瘤状物。温差大时瘤状物会出现鲜红色泽，宛如渗血一般。

晚霞

Echeveria 'Afterglow'

直立性莲座 / 大型种 / 叶插、砍头

粉红带着紫色的大型种景天，叶片宽大狭长呈剑形，成熟植株叶缘会呈现轻微波浪状。

凯特

Echeveria cante

直立性莲座 / 大型种 / 叶插、砍头

布满厚实白粉的叶片是其最大特征，日照充足下叶缘会转红，叶片则显得白里透红。

魅惑之宵

Echeveria agavoides 'Lipstick'

莲座 / 大型种 / 叶插、砍头

翠绿色叶片呈三角形，叶面光滑具油亮质感，有明显红色叶尖，温差大时红尖更为明显。

红相生莲

Echeveria agavoides

莲座 / 大型种 / 叶插、砍头

有明显的红色叶尖，温差大、日照充足时叶缘也会转红。体质强健好照顾，唯独夏天时要避免强烈的日照以免晒伤。

灰姑娘

Echeveria 'Grey Form'

莲座 / 大型种 / 叶插、砍头

又称深纹石莲，红褐色叶片肥厚狭长，叶面具明显棱线纹。体质强健好照顾。

黑骑士

Echeveria 'Black Knight'

莲座 / 中型种 / 叶插、砍头

像獠牙般狭长的叶子紧密排列形成莲座，墨绿色的叶片在日照充足下显得更黑。

黑王子

Echeveria 'Black Prince'

莲座 / 中型种 / 叶插、砍头

外观红褐色，日照不足颜色容易转绿而徒长，春天会开出鲜红色的铃铛状花朵。

野玫瑰之精

Echeveria mexensis 'Zalagosa'

莲座 / 小型 / 叶插、砍头

蓝绿色叶片与红色叶尖形成亮丽对比，栽培于通风良好环境可减少植株软烂死亡的情况。

黑爪野玫瑰之精

Echeveria cuspidata 'Zalagosa'

莲座 / 中型 / 叶插、砍头

体形较野玫瑰大，深红色叶尖是一大特色，温差大、日照充足下叶尖颜色会变得更深。

迷你莲

Echeveria prolifica

莲座 / 小型 / 叶插、侧芽、砍头

粉绿色外观相当讨人喜欢，容易长出小芽，小芽与叶片触碰易掉落，掉落的叶子容易发芽。

大银明色

Echeveria carnicolor × *Echeveria atropurpurea*

莲座 / 中型种 / 叶插、砍头

叶面质感特殊，像长满粗糙的小颗粒，容易反光的叶子具塑料质感，叶色呈咖啡红色泽。

花筏

Echeveria 'Hanaikada'

莲座 / 中型种 / 叶插、砍头

又称红旭鹤。墨绿色叶片具紫红色叶缘，日照充足下会转变成紫红色。

花筏锦

Echeveria cv. hanaikada Variegata

莲座 / 中型种 / 叶插、砍头

为花筏的锦斑品种，在台湾又称福祥锦，紫红色叶子与黄色的锦斑形成对比色。

银武源

Echeveria 'Ginbugen'

莲座 / 中型种 / 叶插、砍头

具浅蓝色外观，日照充足下会显得有点银白，叶面的粗糙质感会轻微反光。

澄江

Echeveria 'Sumie'

莲座 / 中型种 / 叶插、砍头

具紫灰色外观，日照充足下叶片会呈浅粉红色泽。容易生长侧芽形成丛生，成熟植株易开花。

银明色

Echeveria carnicolor

莲座 / 中型种 / 叶插、砍头

银明色的外观与银武源相似，但叶面有颗粒状的粗糙质感，叶色显得较灰紫色。

绿色微笑

Echeveria 'Green smile'

莲座 / 中型种 / 叶插、砍头

波浪状叶缘具明显红边，肥厚的叶片让植株很有立体感。夏天要避开强烈的日照直射，以免晒伤。

鲁贝拉

Echeveria agavoides var. 'Rubella'

莲座 / 大型种 / 叶插、砍头

翠绿色叶片几乎不会变色，生长速度快。夏天要避开强烈的日照直射，以免叶子晒伤。

小精莲

Echeveria amoena ×
Echeveria expartriata Rose

莲座群生 / 大型种 / 叶插、砍头

蓝绿色叶片肥胖饱满，叶面具光亮质感，有明显红色叶尖，叶子生长密集形成莲座。

丽娜莲

Echeveria lilacina

莲座 / 小型种 / 叶插、砍头

叶片厚实具明显叶尖，外观铺有白粉，日照充足下显得白里透红，属大型种莲座。

萝拉

Echeveria 'Lola'

莲座 / 小型种 / 叶插、砍头

叶片具明显叶尖，外观几乎呈雪白色，日照充足环境下会显得白里透红。

欢乐女王

Echeveria 'Fun Queen'

莲座 / 小型种 / 叶插、砍头

具蓝绿色外观，叶子与多数景天相比较薄。生长、繁殖速度较慢，此品种目前尚不普遍。

Tippy

Echeveria 'Tippy '

莲座 / 中型种 / 叶插、砍头

具浅蓝色外观，叶片有明显红尖，低温、日照充足环境下红尖会变得更为明显。

米纳斯

Echeveria minas

莲座 / 大型种 / 叶插、砍头

深绿色的叶子有着波浪皱褶的红色叶缘，可生长直径超过 20cm 的大型种。

赫斯特

Echeveria Herstal

莲座 / 大型种 / 叶插、砍头

有着特殊的反叶，蓝灰色的叶子几乎不会变色，日照强的环境植株较显白色。

玛格莉特

Echeveria 'Margret Leppin'

莲座 / 小型种 / 叶插、砍头

莲座生长紧密又扎实，外观是浅浅的绿色，日照充足叶尖会有粉红色泽。

雪莲×特叶玉蝶

Echeveria 'Laulindsa' × *Echeveria ranyonii* 'Topsy Turvy'

莲座 / 小型种 / 叶插、砍头

雪莲与特叶玉蝶的交配品种，叶子有着雪莲的白粉质感，低温季节叶面会有粉红色泽。

昂斯洛

Echeveria 'Onslow'

莲座 / 大型种 / 叶插、砍头

莲座生长扎实紧密，浅绿色的外观若在日照充足时会显得更绿。

七变化

Echeveria 'Hoveyi'

莲座 / 大型种 / 叶插、砍头

成长过程叶子会出现锦斑导致叶子变形出现多变的外观，一般在低温生长季变化较明显。

紫罗兰女王

Echeveria 'Violet Queen'

莲座 / 中型种 / 叶插、砍头

外观是浅浅的蓝绿色，叶缘较薄，低温季节若日照充足会出现粉红色泽。

秋之霜

Echeveria 'Akinoshimo'

直立性莲座 / 中型种 / 叶插、砍头

叶子狭长，外观铺着白粉呈现浅蓝色，低温季节叶缘会出现粉红色泽，此品种易出现缀化现象。

墨西哥巨人

Echeveria 'Mexico Giant'

莲座 / 大型种 / 叶插、砍头

外观铺满白粉呈浅蓝色，生长速度较缓慢，但能生长直径超过 30cm 的大型种。

巧克力方砖

Echeveria 'Melaco'

直立性莲座 / 中型种 / 叶插、砍头

叶片有着明显的棱线纹，叶面有油亮质感，日照充足时颜色会呈咖啡色偏红。

风车草属 Graptopetalum

此属多肉体质强健好照顾，可适应露天的栽培环境，几乎全年都在生长，无明显休眠期。几乎都可使用叶插繁殖，且成功率极高，也可用砍头繁殖，入秋气候凉爽时成效较好。

胧月

Graptopetalum paraguayens

直立性 / 中型种 / 叶插、砍头

有食用石莲的称号，叶色灰白带点粉红色，全年都可栽培，无需特别照料也能生长良好。

银天女

Graptopetalum rusbyi

莲座 / 小型种 / 叶插、砍头

狭长的叶片有明显叶尖，基部会长出侧芽形成群生姿态，粉紫色的外观是一大特色。

超五雄缟瓣

Graptopetalum pentandrum ssp. *Superbum*

直立性 / 中型种 / 叶插、砍头

具粉紫色外观，叶片铺有白粉，容易长高、但叶子的排列非常紧密。

美丽莲・贝拉

Graptopetalum bellum

莲座 / 中型种 / 叶插、侧芽砍头

叶片紧密排列，几乎是贴着介质生长的莲座，会开出 1 元硬币大小的桃红色花朵。

姬秋丽

Graptopetalum mendozae

直立性丛生 / 小型种 / 叶插、砍头

具淡粉红色外观。叶子经触碰容易掉落，掉落的叶子容易发芽，经常长成满盆的样子。

蔓莲

Graptopetalum macdougallii

莲座群生 / 小型种 / 侧芽、砍头

外观呈浅蓝绿色，日照充足下植株叶片会紧密包覆，容易生长侧芽，春天会开出星状的小花。

蓝豆

Graptopetalum pachyphyllum Bluebean

直立性丛生 / 小型种 / 叶插、砍头

具浑圆肥胖的豆状叶子，全株铺有白粉，叶尖具深色的色点，外观呈浅蓝色，因此取名“蓝豆”。

风车草属×拟石莲属

Graptoveria

风车草属×拟石莲属的多肉属于杂交品种。这属多肉基本上都好照顾，栽培上并无特别的难度，繁殖也很容易，叶插、砍头都适合，宜在入秋后进行。

粉红佳人

Graptoveria 'Pink Pretty'

莲座 / 中型种 / 叶插、砍头

浅浅的粉红色外观，低温时外观显得比较粉白，叶尖有红色晕染，夏季显得比较粉红带点紫色。

白牡丹

Graptoveria 'Titubans'

直立性莲座 / 中型种 / 叶插、砍头

胧月与静夜的交配种，白色肥胖的叶子整齐排列，看起来就像一朵花。

紫丁香

Graptoveria Decairn

群生莲座 / 中型种 / 叶插、砍头

狭长内凹的叶片有着明显叶尖，通常为浅蓝色外观，但温差大时叶尖会明显转红。

银星

Graptoveria 'Silver Star'

群生莲座 / 小型种 / 叶插、侧芽、砍头

具特别细长的叶尖，灰绿色的叶片质感特殊。阳光直射容易烧伤，群生植株需注意通风。

黛比

Graptoveria 'Debby'

莲座 / 中型种 / 叶插、砍头

叶片是迷人的粉红色带点紫色，栽培上注意通风可降低烂叶的情况发生。

大盃宴

Graptoveria 'Bainesii'

直立性莲座 / 大型种 / 叶插、砍头

叶片宽大而厚实，颜色灰蓝带点红。粗壮的茎易长高形成骨干，成熟的叶片显得特别紫红。

银风车

Graptoveria 'Bainesii-Ginhusha'

直立性莲座 / 大型种 / 叶插、砍头

大盃宴的锦斑品种。栽培上生长速度较大盃宴缓慢，锦斑不明显的个体容易出现返祖现象。

紫梦

Graptoveria 'Purple Dream'

直立性丛生 / 小型种 / 叶插、砍头

叶片具明显红色镶边，日照充足下红边会更明显，低温时植株会转变成红紫带点橘色。

红葡萄

Graptoveria 'Amethorum'

莲座 / 小型种 / 叶插、砍头

叶面具光亮质感，低温季节若日照充足植株会转为红色。夏天要避开强烈日照，以免晒伤。

艾格利旺

Graptoveria A Grim One

莲座群生 / 小型种 / 叶插、砍头

具肥胖浑圆的叶片，外观呈浅绿色，低温季节若日照充足，叶片会出现明显红色镶边。

风车草属×景天属

Graptosedum

风车草属×景天属的多肉生长性状较类似景天属，茎容易呈匍匐性生长，因是杂交品种，体型比景天属大。无明显休眠期。容易繁殖，叶插的发芽率很好，适合入秋后气温凉爽时进行。

加州夕阳

Graptosedum 'California Sunset'

直立性匍匐 / 中型种 / 叶插、砍头

具少见的黄色系外观，若日照充足，叶片会有橘红色色泽，若日照不足，颜色较绿。

姬胧月

Graptopetalum 'Bronz'

直立性匍匐 / 小型种 / 叶插、砍头

红褐色的外观在温差大的季节里会显得更为鲜红，叶片容易因触碰掉落。

姬胧月锦

Graptosedum 'Bronze'
fa. *Variegatum*

直立性 / 小型种 / 叶插、砍头

姬胧月锦为姬胧月的锦斑品种，因为灰白的锦斑容易转红，所以外观呈粉红色泽。

秋丽

Graptosedum 'Francesco Baldi'

直立性匍匐 / 中型种 / 叶插、砍头

紫灰色的叶片在低温时会染上浅浅的粉红色，春天易开出黄色小花。

灯笼草属

（伽蓝菜属）

Kalanchoe

灯笼草属的多肉种类繁多，各品种间的生长性状、长势跟外形有很大变化。其中有两个较大的系列，一是长寿花；二是外观有明显绒毛被称作兔子家族的系列。此属多肉具强健生命力，容易栽培、繁殖，几乎全年都会生长。多数品种在春至夏季这段时间开花。

繁殖方面可使用实生、叶插、侧芽、砍头等多种方式，繁殖难度不高很容易成功，但冬季低温季节生根发芽的速度较缓慢。

唐印

Kalanchoe thyrsiflora

直立性短茎 / 大型种 / 侧芽、砍头

叶背与茎会覆盖白色粉末。温差大的季节若日照充足，叶片会转成红至橘色的渐变层。

唐印锦

Kalanchoe luciae fa. *Variegata*

直立性短茎 / 大型种 / 侧芽、砍头

为唐印的锦斑品种，浅黄色锦斑不规则分布在叶面，黄色的锦斑会出现桃红色泽。

不死鸟

Kalanchoe daigremontiana hybrid

直立性 / 中型种 / 株芽、砍头

能适应恶劣环境，繁殖力强，被视为杂草等级的植物，园艺上较常使用的是不死鸟的锦斑品种。

不死鸟锦

Kalanchoe daigremontian
'Fushityou-nisiki'

直立性 / 中型种 / 砍头

叶子因锦斑而呈现黄或粉红色泽，虽然有株芽但因没叶绿素所以无法用以繁殖。

锦蝶

Kalanchoe delagoensis 'Tubiflora'

直立性 / 中型种 / 株芽、砍头

叶片呈棒状，叶色呈深灰带点咖啡色。经常可见野生的植株群生于建筑物上或周围。

极乐鸟

Kalanchoe beauverdii

直立性蔓生 / 中型种 / 株芽、叶插、 砍头

具细长柳叶状叶子，外观终年呈现接近黑色的深褐色。繁殖适合用 3~5cm 的枝条扦插。

蝴蝶之舞锦

Kalanchoe fedtschenkoi
fa. *Variegate*

直立性丛生 / 中型种 / 叶插、砍头

叶缘具圆弧齿状。温差大、日照充足时，叶片会出现粉红色泽，搭配白色锦斑显得色彩斑斓。

白姬之舞

Kalanchoe marnieriana

直立性丛生 / 中型种 / 叶插、砍头

圆形叶片呈蓝绿色，叶缘有红色镶边。建议剪取 2~3 节叶的枝条扦插繁殖。

蕾丝姑娘

Kalanchoe laetivirens

直立性 / 大型种 / 株芽、砍头

叶缘会长出许多株芽，触碰容易掉落自行生根繁殖，生命力非常强健。

花叶圆贝草

Kalanchoe feriseana variegata

直立性丛生 / 小型种 / 叶插、砍头

椭圆形叶片具黄色锦斑。低温季节若日照充足，锦斑部分会出现桃红色泽晕染。

朱莲

Kalanchoe sexangularis

直立性丛生 / 小型种 / 叶插、砍头

叶缘具钝锯齿状，叶片会向内卷曲，植株呈红色，日照不足时会显得绿一些。

日莲之盃

Kalanchoe nyikae

直立性 / 中型种 / 叶插、砍头

椭圆形叶片具特殊的内凹造型。在温差大的季节，日照强烈时会转变成黄绿色。

魔海

Kalanchoe longiflora var. *coccinea*

直立性丛生 / 中型种 / 砍头

叶片具明显锯齿边缘，植株铺有白粉，低温、日照充足会呈现红橘黄的渐层色泽。

江户紫

Kalanchoe marmorata

直立性 / 大型种 / 砍头

叶缘具圆弧齿状，绿色叶片上布满紫红色斑点。可适当修剪控制植株形态。

紫式部

Kalanchoe humilis figueiredoi

直立性 / 小型种 / 叶插、砍头

具灰绿色的椭圆形叶片，上头布满紫红色虎斑纹，春天会从中心抽出细长的花梗。

月兔耳

Kalanchoe tomentosa

直立性丛生 / 中型种 / 叶插、砍头

叶上绒毛会因栽培环境而有不同表现，叶缘会有不规则的黑色线条或斑点。

野兔耳

Kalanchoe tomentosa 'Minima'

直立性丛生 / 小型种 / 叶插、砍头

又称黑兔耳，整体叶色显得较深，新生叶的叶缘呈咖啡红色泽，老叶则会变成黑色。

月光兔耳

Kalanchoe tomentosa
× *Kalanchoe dinklagei*

直立性丛生 / 中型种 / 叶插、砍头

叶缘具明显锯齿状，全株呈翠绿色，低温季节叶色会比较浅，分枝性好，容易丛生。

千兔耳

Kalanchoe millotii

直立性丛生 / 小型种 / 叶插、砍头

具锯齿状菱形叶，日照强会让绒毛明显且变得更加银白，户外栽培容易因雨淋出现锈斑。

银之太鼓

Kalanchoe bracteata 'Silver Teaspoons'

直立性 / 中型种 / 叶插、侧芽、砍头

全株皆呈银白色，日照充足时外观会显得更加雪白。植株基部易长侧芽，可剪下扦插繁殖。

仙女之舞

Kalanchoe beharensis

直立性 / 大型种 / 叶插、侧芽、砍头

又称仙人扇。具长柄的三叉 Y 形叶片，全株布满绒毛，成熟叶片呈灰白色。

姬仙女之舞

Kalanchoe beharensis 'Maltese Cross'

直立性 / 大型种 / 叶插、砍头

全株布满绒毛，使得新叶呈现银白色，老叶则会变成深橘色，可利用修剪促进分枝。

玫叶兔耳

Kalanchoe Roseleaf

直立性 / 中型种 / 叶插、砍头

全株有绒毛，新叶呈橘黄色泽，老叶则呈灰白色，栽培要给予足够的空间生长。

橡叶兔耳

Kalanchoe beharensis Oak Leaf

直立性 / 大型种 / 叶插、砍头

叶缘具明显锯齿纹，全株具银白色绒毛，新叶叶缘会带点橘黄色。

深莲属 Lenophyllum

深莲属的多肉叶对生，呈直立性的生长势，体质强健，生命力十分旺盛，栽培容易没有难度。目前台湾有两个品种，都能用叶插繁殖，也可用枝条扦插，繁殖容易成功。

深莲

Lenophyllum acutifolium

直立性 / 中型种 / 实生、叶插、砍头

锥状叶形，叶面具塑料质感。扦插易成功，可通过种子自行繁衍。日照充足时，叶接近黑色。

德州景天

Lenophyllum texanum

直立性丛生 / 小型种 / 叶插

植株颜色介于灰色与咖啡色之间。易开花，花朵呈很小的铃铛状。

瓦松属 Orostachys

该属多肉易增生侧芽进行繁殖，叶片本身无法扦插繁殖，最大特色是成熟植株会从中心隆起长出花序。生长季在春、秋，夏天高温与冬天低温都会使植株进入休眠期，繁殖在春、秋季进行。

子持莲华

Orostachys boehmeri

莲座群生 / 小型种 / 侧芽扦插

又称母子莲或白蔓莲，低温季节植株休眠叶片会变得紧密，缺水情况下叶片会紧缩包裹。

昭和

Orostachys japonicus

莲座群生 / 小型种 / 侧芽

又称爪莲华，翠绿色的外观在温差大、日照充足时，会变成橘红色。在冬天休眠会出现紧缩的形态。

厚叶草属
Pachyphytum

厚叶草属的多肉被称为美人系列，因为这属多肉的叶片特别肥胖饱满，各品种间的叶形、颜色或长势则有很丰富的变化。栽培上即使露养也能生长得很好，但生长速度较为缓慢。繁殖方面，可用叶插或砍头，但出芽量不多，因此繁殖速度也较缓慢。

东美人
Pachyphytum oviferum 'Azumabijin'

直立性莲座 / 中型种 / 叶插、砍头

叶子厚实饱满，强健好照顾。低温季节叶片会带着淡粉红色，利用叶插可大量快速繁殖。

东美人锦
Pachyphytum oviferum 'Azumabijin' fa. *Variegatum*

直立性莲座 / 中型种 / 叶插、砍头

为东美人的锦斑品种，白色锦斑不规则地出现在叶面，低温季节会变成粉红色。

星美人
Pachyphytum oviferum'Hoshibijin'

直立性莲座 / 中型种 / 叶插、砍头

具浑圆饱满的叶片，因铺有白粉以致让叶片看起来呈淡灰紫色，日照充足下会显得雪白。

立田凤
Pachyphytum clavifolia

直立性莲座 / 中型种 / 叶插、砍头

又称香蕉石莲，棒状叶向内弯曲，外观呈蓝色，低温、日照充足环境下会带点粉红色。

京美人
Pachyphytum oviferum 'Kyobijin'

直立性莲座 / 中型种 / 叶插、砍头

具肥胖的棒状叶，叶尖有明显的白点是辨识重点，直立性生长不容易出现分枝。

青星美人

Pachyphytum ‘Doctor Cornelius ’

直立性莲座 / 大型种 / 叶插、砍头

狭长的菱形叶朝上生长，粗壮的茎直立生长容易长高。春天会长出粗壮的花梗，开出粉红色花朵。

千代田之松

Pachyphytum compactum

直立性莲座 / 小型种 / 叶插、砍头

叶片具明显的棱线纹路，生长速度缓慢，绿叶几乎不变色，夏天要避免强烈日照直射。

千代田之松变种

Pachyphytum compactum ‘Glaucum’

莲座群生 / 小型种 / 叶插、砍头

外观为蓝绿色具明显白粉，叶片具棱线纹路，温差大、日照充足下叶片会出现紫红色渐层。

新桃美人

Pachyphytum compactum ‘Glaucum’

直立性莲座 / 小型种 / 叶插、砍头

外观与千代田之松变种类似，但叶子较为短胖圆滑，叶面有棱线纹但较不明显。

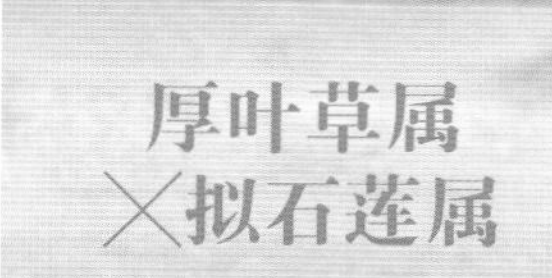

厚叶草属×拟石莲属

Pachyveria

厚叶草属×拟石莲属的多肉虽为两属杂交，但无特殊明显差异。此属多肉多有厚叶草属肥厚叶形的特色，但杂交过后改善了生长速度缓慢的特性。

紫丽殿

pachyveria ‘Blue Mist’

直立性 / 中型种 / 叶插、砍头

叶片紧密排列生长，紫色外观是其特色，日照充足环境下叶片会呈深紫色。

霜之朝

Pachyveria Exotica

直立性 / 中型种 / 叶插、砍头

蓝色叶片布满厚厚的白粉，外观显得雪白，叶尖会有粉红色泽。

樱美人

Pachyveria 'Clavata'

直立性 / 中型种 / 叶插、砍头

铺有白粉的叶片显得灰绿，狭长的叶向内弯曲，植株外观呈球形很有立体感。

红尖美人

Pachyveria 'Cornelius'

直立性 / 中型种 / 叶插、砍头

绿叶几乎不变色，但叶尖会有明显的红色渐变层，植株直立生长，春天易抽出花梗。

军旗

Pachyveria clevelandii

莲座 / 中型种 / 叶插、砍头

呈莲座状，叶为浅绿色，具明显红色叶尖。低矮的莲座会在基部长出侧芽，形成丛生姿态。

立田

Pachyveria 'Schiedeckeri's Chimera'

直立性莲座 / 小型种 / 叶插、砍头

叶子外观铺满白粉，叶子低温季节会出现粉红色泽，品种容易出现锦斑的变异。

立田锦

Pachyveria 'Albocarinata'

直立性莲座 / 小型种 / 叶插、砍头

立田的锦斑品种，叶面布满不规则的线状白色锦斑，叶插繁殖容易出现返祖现象。

景天属
Sedum

此属多肉生命力旺盛、适应力强，给水充足会长得很好。全年都会生长，部分品种在夏季高温或冬季低温时生长较缓慢，但无明显休眠期。繁殖可用叶插、砍头，适合在春、秋两季进行。

乙女心

Sedum pachyphyllum

直立性丛生 / 小型种 / 叶插、砍头

浑圆的叶尖具红色渐变层，低温季节变色更明显。肥胖的叶子若缺水会显得干瘪而出现皱纹。

八千代

Sedum corynephyllum

直立性丛生 / 小型种 / 砍头

叶片较为细长，颜色呈鲜艳的翠绿色，低温季节叶尖会出现红色渐层，外观讨人喜欢。

白厚叶弁庆

Sedum allantoides

直立性丛生 / 小型种 / 砍头

具有棒状叶片，外观浅绿接近白色。叶插不易生根发芽，多使用砍头进行繁殖。

天使之泪

Sedum treleasei

直立性 / 小型种 / 砍头

叶片浑圆肥胖，紧密排列生长。栽培上容易照顾，但生长与繁殖速度缓慢。

虹之玉

Sedum rubrotinctum

直立性丛生 / 小型种 / 叶插、砍头

深绿色外观会因低温而转红，掉落的叶片可叶插，发芽率高。

虹之玉锦

Sedum rubrotinctum fa. *Variegate*

直立性丛生 / 小型种 / 叶插、砍头

虹之玉的锦斑品种，叶子因锦斑呈浅绿带点粉红色。

圆叶耳坠草

Sedum sp.

直立性丛生 / 小型种 / 叶插、砍头

圆叶耳坠草的生长性状与虹之玉很相似，但叶子浑圆如珠，翠绿色的叶子在低温季节会转红。

玉串

Sedum morganianum

蔓性丛生 / 小型种 / 叶插、砍头

外观呈粉嫩的绿色。多利用吊盆或可让其任意垂坠的空间进行栽培。

新玉缀

Sedum burrito

蔓性丛生 / 小型种 / 叶插、砍头

叶片浑圆短胖，外观因白粉而显得更为浅绿，低温季节时叶片会带着浅粉红色。

薄化妆

Sedum palmeri

直立性丛生 / 中型种 / 叶插、砍头

薄叶紧密排列呈伞状，粉绿色的叶片几乎不会变色，春天植株会开出细小的黄花。

黄丽

Sedum adolphi

直立性 / 中型种 / 叶插、砍头

黄丽是少数黄色系的景天，温差大的季节叶缘会出现渐变的橘红色。

铭月

Sedum nussbaumerianum

直立性丛生 / 中型种 / 叶插、砍头

铭月叶面具油亮的质感，温差大的季节若日照充足，叶缘会有橘色的镶边。

春萌

Sedum 'Alice Evans'

直立性丛生 / 小型种 / 叶插、砍头

低温季节，在充足的日照下叶尖会转为红色。春夏交替时节会开出白色小花。

美乐蒂

Sedum Mirotteii

直立性丛生 / 小型种 / 叶插、砍头

具有浑圆的棒状叶，浅绿色的外观有红色叶尖。分枝性良好，容易长成丛生姿态。

小玉

Sedum 'Little Gem'

丛生 / 小型种 / 叶插、砍头

叶片短胖，紧密排列生长。在温差大的季节会转红但不明显，容易在植株前端开花。

毛小玉

Sedum versadense

蔓性丛生 / 小型种 / 叶插、砍头

叶片均布满绒毛，植株易分枝丛生。在低温季节若日照充足，全株会转红。

姬星美人

Sedum dasyphyllum

蔓性丛生 / 小型种 / 叶插、砍头

叶片有绒毛，触摸植株会有一股淡淡的香味，气温低、日照充足时植株会变成粉红色。

大姬星美人

Sedum dasyphyllum 'Opaline'

蔓性丛生 / 小型种 / 叶插、砍头

叶间易长出侧芽，形成丛生。生长季节成长快速，植株呈蓝绿色，夏季会进入休眠。

毛姬星美人

Sedum dasyphyllum

蔓性丛生 / 小型种 / 叶插、砍头

叶片布满绒毛。生长季节为凉爽的秋季，夏天植株生长会停滞。

大唐米

Sedum oryzifolium

蔓性丛生 / 小型种 / 叶插、砍头

具有如米粒般的叶子，翠绿色叶片几乎不会变色，夏季高温生长较缓慢。

薄雪万年草

Sedum lineare 'Robustum'

蔓性丛生 / 小型种 / 砍头

叶片像松叶般细长，蓝绿色的外观易因环境而产生变化，温差大、气温低时会出现浅粉红色。

黄金万年草

Sedum lineare 'Robustum'

蔓性丛生 / 小型种 / 砍头

有着鲜黄色外观。夏季颜色会变得绿一些，栽培时要注意通风，避免菌害感染而软烂。

珍珠万年草

Sedum moranense blanc

蔓性丛生 / 小型种 / 砍头

叶片呈深绿色，质感厚实，容易长出侧芽，形成扎实的丛生形态。

大万年草

Sedum diffusum 'Potosinum'

蔓性丛生 / 小型种 / 砍头

叶片是浅蓝绿色，生长呈蔓延姿态，易长出盆缘形成垂坠姿态，茎干易长出气根。

婴儿景天

Sedum makinoi

蔓性丛生 / 小型种 / 砍头

油亮的叶片为椭圆形，浅绿色，匍匐形态生长，日照充足时植株会呈现紧密扎实的丛生。

斑叶婴儿景天

Sedum makinoi fa. *Variegata*

蔓性丛生 / 小型种 / 砍头

婴儿景天的锦斑品种，叶缘会出现不规则白色锦斑。

台湾景天

Sedum formosanum

丛生 / 小型种 / 砍头

原生于台湾的地被型景天，在北海沿岸分布普遍，生命力旺盛，春天会开出大量黄色小花。

斑叶佛甲草

Sedum lineare fa. *Variegate*

蔓性丛生 / 小型种 / 砍头

佛甲草的锦斑品种，叶色较浅绿，叶缘有白色锦斑镶边。

松叶景天

Sedum mexicanum

蔓性丛生 / 小型种 / 砍头

具翠绿色的细长尖叶，在低温季节会变成黄绿色，春天会开出大量的黄色小花。

玫瑰景天

Sedum rupifragum

蔓性丛生 / 小型种 / 砍头

叶形较尖长，温差大的季节会转变成黄绿色，叶缘也会出现红边。

雀丽

Sedum acre L.

蔓性丛生 / 小型种 / 砍头

外观类似玫瑰景天，但叶片更加椭圆，且没有油亮反光的质感，春天会开出黄色小花。

高加索景天

Sedum spurium

蔓性丛生 / 小型种 / 砍头

叶片具油亮的反光质感，叶间容易长出分枝，日照充足环境下会变成咖啡红的颜色。

龙血景天

Sedum spurium 'Dragon's Blood'

蔓性丛生 / 小型种 / 叶插、砍头

呈蔓生形态，长势旺盛好栽培。在低温、日照充足下，绿色植株会转变成鲜艳的红色。

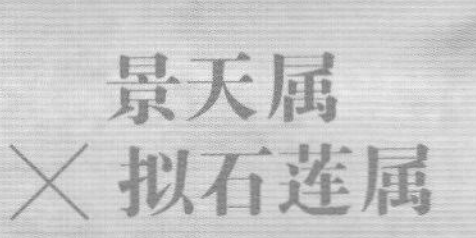

景天属 × 拟石莲属

Sedeveria

景天属×拟石莲属的杂交品种，除了学名上的区别，生长性状与栽培方式皆似于景天属。此属的多肉也是属于强健好照顾的类型。

绿焰

Sedeveria letizia

直立性 / 小型种 / 叶插、砍头

具油亮的翠绿色叶片，在温差大、 日照充足环境下叶缘会出现明显的红边。

静夜玉缀

Sedeveria 'Harry Butterfield'

直立性 / 中型种 / 叶插、砍头

静夜与玉缀的交配种，在日照充足环境下叶尖会出现红色的渐变层晕染。

树冰

Sedeveria 'Silver Frost'

直立性 / 小型种 / 叶插、砍头

叶片是浅蓝绿色，几乎不会变色。若日照不足容易徒长。

法雷

Sedeveria 'Fanfare'

直立性 / 小型种 / 叶插、砍头

栽培上可用砍头以促进分枝形成丛生姿态，缺乏叶绿素的白化叶子要避免强烈日照。

卷绢属 *Sempervivum*

有着莲座外形，叶形大多是狭长的剑形。生长季多在入秋后的凉爽季节，多利用侧芽进行繁殖。夏季会进入休眠期，叶子会以紧密贴合包覆的形态度夏。

观音莲卷娟

Sempervivum 'Fimbriatum'

莲座群生 / 大型种 / 侧芽

紫红色叶尖在低温时会变得明显。基部会长出侧芽，约生长到 1 元硬币大小可剪下另行种植。

百惠

Sempervivum 'Oddity'

莲座群生 / 小型种 / 侧芽

具反卷般的筒状叶，红色的叶尖在低温季节会往叶片延伸。

中国景天属
Sinocrassula

原产于云南省一带。此属多肉强健好照顾，凉爽的秋季为生长季节，可使用叶插、侧芽繁殖，夏季为休眠期。

泗马路
Sinocrassula yunnanensis
莲座群生 / 小型种 / 叶插、侧芽
墨绿色叶片具细小绒毛，若给控水叶片会转变成接近黑色，基部容易生长侧芽形成群生。

龙田凤
Sinocrassula densirosulata
莲座群生 / 小型种 / 叶插、侧芽
灰绿色叶片向中心弯曲，低温季节叶片上的咖啡色斑点会变得明显。

印地卡
Sinocrassula indica
莲座群生 / 小型种 / 叶插、侧芽
叶色会因栽培环境不同而有不同表现，日照不足时呈灰绿色，日照充足时则显漂亮的桃红色。

塔莲属
Villadia

原产于云南省一带。此属多肉强健好照顾，入秋后的凉爽气候为生长季节，可使用叶插、侧芽繁殖。夏季为休眠期。

塔莲
Villadia imbricata Rose
直立性丛生 / 小型种 / 砍头
外观呈深绿色，分枝性佳，易形成丛生姿态，开花时直接从植株中心长出花苞。

菊科

菊科多肉的外观与生长性状在各品种间变化很大，主要有直立性丛生跟匍匐性蔓生这两类型。菊科多肉在生长季节通常生长快速，多数品种根系茂盛，给予充足的水分就生长较良好，缺水时外观显得干瘪。凉爽的秋季是生长季节。夏天进入休眠期生长停滞，此时可避开强烈的日照，放置[illegible]良好处以度过夏天，休眠期需按[illegible]繁殖方式多使用扦插，可剪取[illegible]茎节或枝条进行，适合在生[illegible]。

黄花新月

Othonna capensis

蔓性 / 小型种 / 扦插

春天会开出黄色小花，紫红色的茎呈蔓性生长，绿色叶片在极度缺水状态下会显得有点紫红。

美空锌

Senecio antandroi

直立性丛生 / 中型种 / 扦插

具蓝绿色外观，会从茎干或基部长出侧芽，低温季节是生长季。

七宝树锦

Senecio articulatus 'Candlelight'

直立性丛生 / 中型种 / 扦插

茎呈圆柱状，叶片上有不规则白色锦斑，紫色的叶背会在白色锦斑上出现紫色的渲染色块。

松锌

senecio barbertonicus

直立性丛生 / 中型种 / 扦插

全株呈翠绿色外观，硬挺的茎干生长可超过 60cm。

紫蛮刀

Senecio crassissimus

直立性丛生 / 中型种 / 扦插

全株呈灰绿色，叶片具紫色镶边，在低温季节紫色镶边会更明显。

青凉刀

Senecio ficoides

直立性丛生 / 大型种 / 扦插

全株铺有白粉而呈现出浅蓝色，片状肉质叶形如刀子。

碧铃

Senecio hallianus

蔓性 / 小型种 / 扦插

叶片铺有白粉，枝条呈蔓性生长。茎会分泌汁液，摸起来黏黏的。夏季应避开强烈日照。

京童子

Senecio herreianus

蔓性 / 小型种 / 扦插

肉质叶片上的窗构成深浅条纹，蔓性的枝条比较粗壮硬挺，秋、春两季是生长季节。

弦月

Senecio herreianus

蔓性 / 小型种 / 扦插

叶片较绿之铃显得狭长些，生长速度比绿之铃来得快，秋、春两季为生长季节，短时间就可长得很长。

千里月

Senecio radicans

蔓性 / 中型种 / 扦插

有着新月形的肉质叶，生长快速，枝条可生长超过1m，适合吊盆栽培。

三爪弦月

Senecio peregrinus

蔓性 / 小型种 / 扦插

七宝树与绿之铃的交配品种，叶呈三叉形。分枝性良好，建议用吊盆种植挂在高处，让枝条有充分空间生长。

绿之铃

Senecio rowleyanus

蔓性 / 小型种 / 扦插

具浑圆如珠的叶子。绿叶不会变色，秋、春两季为生长季节，春天会伸长花梗，开出白色的花。

蓝粉笔

Senecio serpens

直立性丛生 / 中型种 / 扦插

叶片较宽、叶尖圆滑。分枝性普通，可通过修剪促进分枝生长，让植株显得更丰满。

番杏科

番杏科的多肉主要有玉类跟茎叶型两种，玉类为石头玉、帝玉或神风玉等多肉，玉类的栽培难度较高，夏季的高温多湿环境容易造成植株衰亡，栽培者多为专业玩家等级。而茎叶型的番杏科，多为直立性生长，有丛生或蔓生形态，栽培上较无难度，也因此能运用在多肉组合作品中。

照波

Bergeranthus multiceps

低矮丛生 / 小型 / 砍头

具三角狭长的肉质叶，低矮植株容易长出侧芽成丛生姿态，秋、春两季会开出黄色花朵。

夕波

Delosperma britteniae

蔓性丛生 / 小型 / 扦插

叶对生，长势呈匍匐蔓生，容易扦插繁殖，扦插时选择两到三节的枝条为佳。

鹿角海棠

Delosperma lehmannii

蔓性丛生 / 小型 / 扦插

叶片较短胖，茎节较密集，下叶容易因充满水分撑破叶面而产生龟裂纹。

雷童

Delosperma pruinosum

直立性丛生 / 小型 / 扦插

棒状叶具明显绒毛。可修剪促进侧芽生长，或剪取 2~3 节枝条进行扦插繁殖，让植株保持丰满状态。

琴爪菊

Oscularia deltoides

直立性丛生 / 小型种 / 扦插

对生的叶有像爪子般的叶尖，日照充足时叶尖、茎会转桃红色泽，分枝性良好，容易丛生。

马齿苋科

主要分为匍匐丛生的小型种或灌木型的中、大型种，此科多肉通常容易照顾，栽培上无太大难度。多数品种几乎全年都在生长，没有明显的休眠季节，但冬季的低温会让生长变得迟缓。繁殖多用扦插方式，几乎全年可繁殖，但春、秋两季进行较佳。

吹雪之松

Anacampseros rufescens

丛生 / 小型 / 砍头

全株呈翠绿色，叶茎间有白色丝状绒毛。另有锦斑品种，浅黄色的锦斑有着粉红色渐变层。

大型吹雪之松

Anacampseros telephiastrum

低矮丛生 / 小型 / 砍头

绿叶不会变色，叶间无吹雪之松的白色绒毛，容易生长侧芽形成紧密的群生姿态。

樱吹雪

Anacampseros rufescens
fa. *Variegata*

低矮丛生 / 小型 / 砍头

成熟叶片呈翠绿色，叶背是桃红色，日照充足时叶面会出现桃红色的晕染。

细长群蚕

Anacampseros gracilis

低矮丛生 / 小型 / 砍头

叶片紧密排列向上生长，日照充足下会显得黯沉接近巧克力色，植株容易群生。

彩虹马齿牡丹

Portulaca 'Hana Misteri'

蔓性丛生 / 中型 / 扦插

马齿牡丹的锦斑品种，叶缘具不规则淡黄色锦斑，日照充足下黄色的锦斑会出现粉红色泽。

云叶古木

Portulacaria morokiniensis

直立性丛生 / 中型 / 砍头

具圆形的翠绿色叶子，因此又称圆叶古木，直立性生长，容易长成骨干的树状姿态。

雅乐之舞

Portulacaria afra v. foliis 'Variegatia'

直立性丛生 / 中型 / 扦插

为银杏木的锦斑品种，叶片呈浅绿色带有黄色锦斑，叶缘有粉红色镶边。

唇形花科

多属强健好照顾的植物，栽培只要日照充足，可适应各种环境，生命力强，很耐旱，几乎全年都在生长。繁殖多以扦插为主，全年皆可进行。

卧地延命草

Plectranthus prostratus

蔓性丛生 / 小型 / 扦插

具三角形肉质叶，叶面有绒毛质感，低温季节休眠，叶面会出现红褐色斑点。

小叶到手香

Plectranthus socotranum

直立性丛生 / 小型 / 扦插

叶背有明显皱褶纹路，叶对生。日照充足下叶片会变成黄绿色，叶片上的绒毛变得明显。

龙虾花

Plectranthus neochilus

低矮丛生 / 小型 / 扦插

叶缘有钝锯齿状，全株具绒毛，绿叶在日照充足下会呈红褐色，植株有股强烈香味。

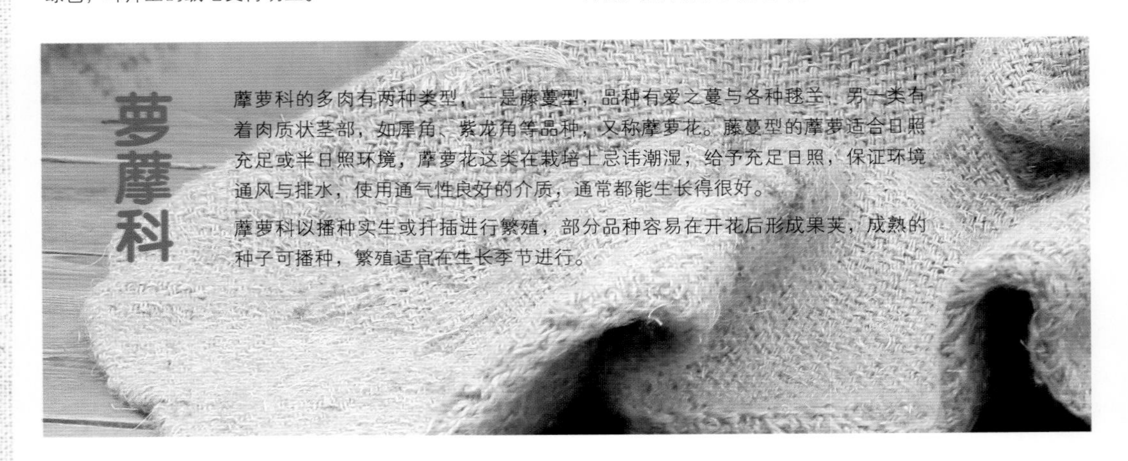

萝藦科

萝藦科的多肉有两种类型，一是藤蔓型，品种有爱之蔓与各种毬兰。另一类有着肉质状茎部，如犀角、紫龙角等品种，又称萝藦花。藤蔓型的萝藦适合日照充足或半日照环境，萝藦花这类在栽培上忌讳潮湿，给予充足日照，保证环境通风与排水，使用通气性良好的介质，通常都能生长得很好。

萝藦科以播种实生或扦插进行繁殖，部分品种容易在开花后形成果荚，成熟的种子可播种，繁殖适宜在生长季节进行。

犀角

Stapelia unicornis

直立性丛生 / 中型种 / 扦插

柱状茎的横切面呈四角形，绿色的茎会分枝向外蔓生。花朵会发出腐臭味，花开约 2 天就凋谢。

紫龙角

Caralluma hesperidum

直立性丛生 / 中型种 / 扦插

四角形的柱状茎具明显肉刺，灰绿色的茎布满紫红色斑点，日照充足色斑会更明显。

巨龙角

Edithcolea grandis

直立性丛生 / 小型种 / 扦插

又称波斯地毯，会开出色彩鲜艳斑斓的花朵。深绿色枝条若日照充足会变成古铜色泽。

爱之蔓

Ceropegia woodii

蔓性丛生 / 小型种 / 扦插

因心形叶片而得名。春、秋两季是生长季节，会开出外观如降落伞般的紫色小花。

爱之蔓锦

Ceropegia woodii varieg

蔓性丛生 / 小型种 / 扦插

爱之蔓的锦斑品种，叶片有不规则的鹅黄色锦斑，低温季节日照充足时锦斑会出现粉红色泽。

瓜子藤锦

Dischidia albida

藤蔓性 / 中型种 / 扦插

叶缘具白色锦斑，建议放置光线充足但无直接日照之处栽培，低温季节会休眠停止生长。

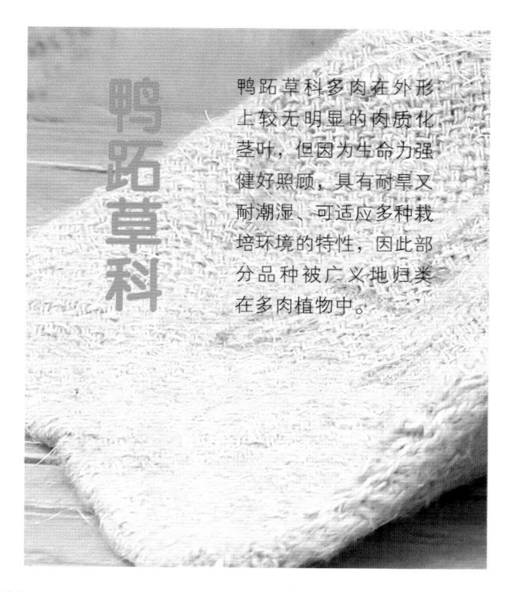

雪绢

Tradescantia sillamontana

直立性丛生 / 小型种 / 扦插

绿叶具白色丝状绒毛，会开出紫色小花。水分缺乏时叶片会紧缩，白色丝状绒毛变得明显。

雪绢锦

Tradescantia sillamontana fa. *Variegata*

直立性丛生 / 小型种 / 扦插

雪绢的锦斑品种，白色锦斑不规则出现在叶面，成熟叶的锦斑经过日照会出现粉红色泽。

彩虹怡心草

Tradescantia sp.

蔓性丛生 / 小型种 / 扦插

绿色的叶子有不规则的白色锦斑，日照充足下较能表现出锦斑特色。

大戟科

大戟科的多肉具有肉质化的茎干，部分品种外观带刺，易被误认为是仙人掌科，但大戟科有个特色就是剪切植株会流出白色汁液。白色汁液有毒，人体接触或误食会出现过敏反应，因此要注意。繁殖可用播种实生或扦插进行，扦插繁殖时要等切口干燥后再进行，全年皆可繁殖。

膨珊瑚

Euphorbia leucodendron

直立性 / 中型种 / 砍头

翠绿色外观就像珊瑚一般，叶子生长在柱状茎的前端，修剪可以促进分枝让植株更茂盛。

珊瑚大戟缀化

Euphorbia leucodendron v. *oncoclada cristated*

缀化 / 中型种 / 砍头

珊瑚大戟的缀化品种，外形呈片状且生长缓慢，容易长出柱状的返祖分枝。

春峰

Euphorbia lactea Haw

直立性 / 大型种 / 砍头

呈墨绿色，三角柱状的棱边有尖刺。此品种容易出现缀化个体，另有许多不同的锦斑品种。

红叶彩云阁

Euphorbia trigona 'Rubra'

直立性丛生 / 大型种 / 砍头

具红叶，日照充足时茎干也会呈红色，分枝性差，可利用修剪促进分枝，另有全株绿色品种。

峨眉山

Euphorbia bupleurifolia × *susannae*

茎丛生 / 小型种 / 实生、砍头

峨眉山有短胖的浑圆肉茎，茎的前端具狭长的叶子，容易长出侧芽形成丛生状。

单刺大戟

Euphorbia poissonii

直立性 / 大型种 / 实生、砍头

单刺大戟有非常肥大的茎，翠绿色的叶子生长在前端，生长较为缓慢。

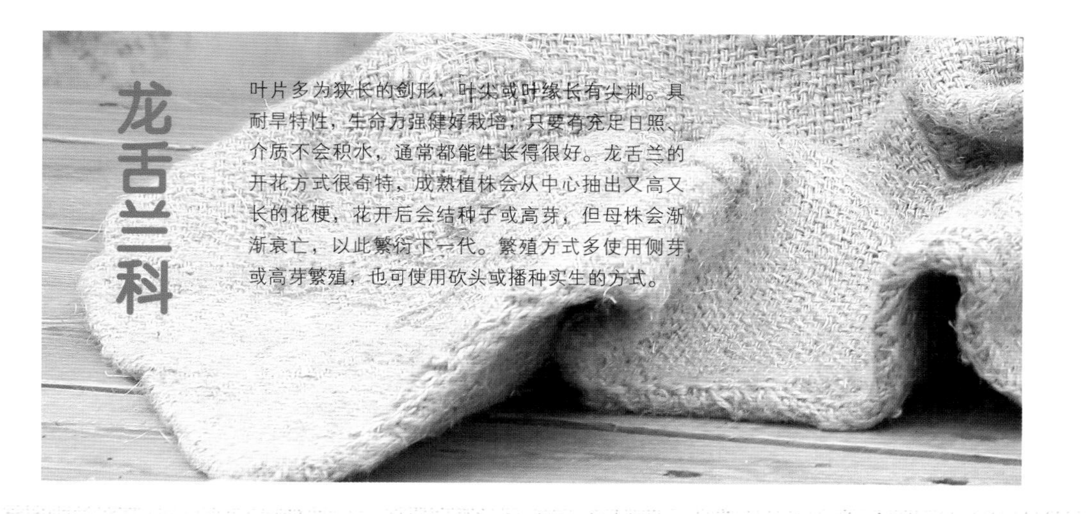

龙舌兰科

叶片多为狭长的剑形，叶尖或叶缘长有尖刺。具耐旱特性，生命力强健好栽培，只要有充足日照、介质不会积水，通常都能生长得很好。龙舌兰的开花方式很奇特，成熟植株会从中心抽出又高又长的花梗，花开后会结种子或高芽，但母株会渐渐衰亡，以此繁衍下一代。繁殖方式多使用侧芽或高芽繁殖，也可使用砍头或播种实生的方式。

雷神

Agave potatorum var. *Verschaffeltii*

短茎 / 中型种 / 侧芽

外观为绿色，新叶有红色的叶刺，容易长出侧芽形成群生。

龙严

Agave titanota

短茎 / 中型种 / 侧芽

具明显的叶刺，老叶的叶刺会明显木质化，此品种生长较缓慢。

吉祥冠黄覆轮

Agave potatorum 'Kichijokan'

短茎 / 中型种 / 侧芽

吉祥冠的锦斑品种，浅黄色锦斑分布在叶缘两侧，新叶的叶刺呈红色色泽。

五色万代

Agave horrida ssp. *Perotensis*

短茎 / 大型种 / 侧芽

锦斑品种，叶缘两侧与中间有鲜黄色锦斑，叶片狭长直立，叶刺特别尖锐。

泷雷

Agave 'Blue Glow'

短茎 / 中型种 / 侧芽

只有叶尖有刺，深绿色的叶片具咖啡红色的叶缘，叶缘无刺是一大特色。

皇冠龙舌兰

Agave attenuata 'Nerva'

短茎 / 大型种 / 高芽

全株呈翠绿色，可长到直径超过 1m 的大型种，使用花梗上的高芽繁殖。

笹之雪

Agave victoriaereginae

短茎 / 中型种 / 侧芽

三角形的棒状叶非常硬挺，叶子前端有刺，叶面上有不规则白色棱线纹，生长缓慢。

黄边短叶虎尾兰

短茎丛生 / 中型种 / 侧芽、叶插

低矮的植株容易长出侧芽丛生，侧芽繁殖才能保留黄色的锦斑特色，叶插发芽皆会返祖。

黄边虎尾兰

直立性丛生 / 中型种 / 侧芽、叶插

叶片两侧有黄色锦斑，基部会长出侧芽形成丛生，繁殖多采用侧芽，叶插会出现返祖现象。

仙城莉椒草

Peperomia 'Cactusville'

直立性丛生 / 小型种 / 砍头

全株呈翠绿色，体形娇小但分枝性非常好，很容易就长成丛生状态。

快乐豆椒草

Peperomia amigo green split happybean

直立性丛生 / 中型种 / 砍头

全株呈翠绿色，日照充足下会呈黄绿色，分枝性良好，容易丛生，生长快速。

索 引